畜禽养殖粪污处理处置技术手册

李维尊　等编著

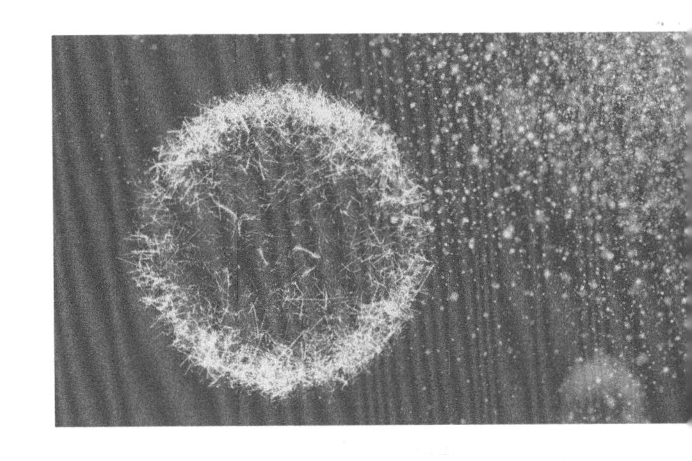

化学工业出版社
·北京·

内容简介

近年来畜禽养殖快速发展给环境带来沉重负担，《畜禽养殖粪污处理处置技术手册》根据基于主流的和前沿的处理处置技术方法，介绍了目前畜禽种类、养殖场规模、养殖场中粪污类型以及粪污处理基本原则，根据我国粪污处理法律法规适用范围、全国畜禽养殖场的排放管理以及这些项目的环境影响评价综合了国内外畜禽养殖粪污处理处置相关的法律法规及政策；详细分析了畜禽粪污预处理技术、厌氧处理技术、好氧处理技术的工艺及影响因素，进而介绍了以植物处理和生物处理为核心的生态处理技术；研究分析了氮磷资源回收现状和典型技术，列举出典型回收畜禽粪便中氮磷的方法，介绍了畜禽粪污恶臭处理技术；最后介绍了畜禽粪污其他资源化处理与处置技术，包括液体粪污处理技术、固体废物处理技术、整体资源化处理及资源化利用技术管理要点。

《畜禽养殖粪污处理处置技术手册》适合供各级畜牧、土肥、环保部门的科研人员、工程技术人员和管理人员参考，也可作为高等学校和农业培训部门的教材或参考用书。

图书在版编目（CIP）数据

畜禽养殖粪污处理处置技术手册 / 李维尊等编著
. —北京：化学工业出版社，2022.9（2023.9重印）
ISBN 978-7-122-41533-2

Ⅰ. ①畜… Ⅱ. ①李… Ⅲ. ①畜禽－粪便处理－技术手册 Ⅳ. ①X713-62

中国版本图书馆 CIP 数据核字（2022）第 092073 号

责任编辑：满悦芝 文字编辑：王 琪
责任校对：宋 玮 装帧设计：李子姮

出版发行：化学工业出版社（北京市东城区青年湖南街 13 号 邮政编码 100011）
印 装：北京天宇星印刷厂
710mm×1000mm 1/16 印张 11¼ 字数 215 千字 2023 年 9月北京第 1 版第 2 次印刷

购书咨询：010-64518888 售后服务：010-64518899
网 址：http: // www. cip. com. cn
凡购买本书，如有缺损质量问题，本社销售中心负责调换。

定 价：**68.00 元**

前言

随着我国传统畜禽养殖业的快速发展，传统畜禽养殖业正朝着集约化、规模化的养殖模式转变，随之而来的问题也逐渐显现，大量畜禽养殖产生的粪便及养殖场的其他废弃物严重污染生态环境，已逐渐成为制约当前畜禽养殖业经济持续健康发展的重要影响因素。

近年来，国家不断完善制度体系，加大政策支持力度，加快推进畜禽粪污资源化利用。2017年，国务院办公厅印发《关于加快推进畜禽养殖废弃物资源化利用的意见》(国办发〔2017〕48号)，要求畜牧大县制定种养循环发展规划，明确粪肥利用的目标、途径和任务。2020年农业农村部、生态环境部联合印发《关于进一步明确畜禽粪污还田利用要求强化养殖污染监管的通知》(农办牧〔2020〕23号)，明确应根据畜禽粪污排放去向或利用方式执行相应的标准规范。接下来农业农村部将会同生态环境部，结合《中华人民共和国畜牧法》修订工作，加强畜禽粪污资源化利用和畜禽养殖污染监管制度建设，抓紧编制《全国畜禽粪肥利用种养结合建设规划(2021—2025年)》，积极推行养分平衡管理，促进种养结合发展。

本书的内容包括畜禽粪污的相关法律法规、典型处理技术、资源化处理与处置技术及畜禽粪污所产生恶臭的处理技术等，并在部分章节有提供相关案例进行说明，适合供各级畜牧、土肥、环保部门的科研人员、工程技术人员和管理人员参考，也可作为高等学校和农业培训部门的教材或参考用书。

本书编写分工如下：李维尊、武钰岐编写了第1、2、3章，李维尊、曹高青编写了第4、5、6章，李维尊、崔晶珊编写了第7、8、9章。

由于水平所限，书中难免有不妥之处，恳请各位读者指正。

编著者

2022年7月

目录

第1章 导言

第2章 与畜禽养殖粪污处理处置相关的法律法规及政策

第 1 章

导言

1.1 畜禽种类及养殖场规模

1.1.1 畜禽的种类

畜禽是指可供发展畜牧业的牲畜、家禽等，是人类主要的动物蛋白来源。畜禽养殖具有较高的经济价值，一直以来都是农民实现农业梦、致富的重要途径。

畜牧是指采用畜、禽等已经被人类人工饲养驯化的动物猪、牛、羊、兔以及鸡、鸭等禽类，或者鹿、麝、狐、貂、水獭、鹌鹑等野生动物的生理机能，通过人工饲养、繁殖，使其将牧草和饲料等植物能转变为动物能，以取得肉、蛋、奶、羊毛、山羊绒、皮张、蚕丝和药材等畜产品的生产过程。

（1）猪

猪是脊椎动物、哺乳动物、家畜，古杂食类哺乳动物。分为家猪和野猪。现在一般认为猪是猪科的简称。根据猪品种的不同，体貌特征也各不相同。但通常以耳大，头长，鼻直，腰背窄为主要形体特征。毛发较粗硬，根据品种不同，分为白色、粉色、黑色、棕色及花色。家猪是野猪被人类驯化后所形成的亚种，獠牙较野猪短，是人类的家畜之一，一般来说，家猪是指人类蓄养多供食用的猪种。

猪采食行为包括摄食和饮水，并具有不同年龄特点。猪拱土具有天赋性，以拱土为食，是猪群最显著的特征。猪鼻是高度发育的器官，嗅觉的灵敏度在土壤中觅食时起决定作用。虽然现代的猪都圈养在猪舍，但是它们也具有拱地觅食的特点。比如每一次喂食，家猪都会试图占据食槽的最有利地位，有时两个前肢会踏在食槽中采食，这一行为如同野猪在土壤中觅食。猪特别喜欢吃甜食，研究发现未哺乳的小猪更喜欢吃甜食。与粉料相比，猪爱吃颗粒料；干料与湿料相比，猪爱吃湿料，而且花费的时间也少。

猪不在吃睡的地方排粪尿，或许是祖传本性。野猪不在窝边拉屎撒尿，推断为以避免敌兽发现。在良好的管理条件下，猪是家畜中最爱清洁的动物。猪能保持其窝床干洁，能在猪栏内远离窝床的一个固定地点进行排粪尿。猪排粪尿是有一定的时间和区域的，一般多在食后饮水或起卧时，选择阴暗潮湿或污浊的角落排粪尿，且受邻近猪的影响。据观察，生长猪在采食过程中不排粪，饱食后约 5min 开始排粪 1～2 次，多为先排粪后再排尿，在饲喂前也有排泄的，但多为先排尿后排粪，在两次饲喂的间隔时间里猪多为排尿而很少排粪，夜间一般排粪 2～3 次，早晨的排泄量最大，猪的夜间排泄活动时间占昼夜总时间的1.2%～1.6%。

（2）牛

牛是牛族，为牛亚科下的一个族。染色体数56对的野牛和染色体数60对的黄牛、58对染色体的大额牛，均可以杂交产生可育后代，为哺乳动物，容易发生罗伯逊易位（丝粒融合）改变染色体数降低生育率，草食性，部分种类为家畜（包含家牛、黄牛和牦牛）。体形粗壮，部分公牛头部长有一对角。牛能帮助人类进行农业生产。牛的适应性很强，能够较好地适应所在地气候，其适宜温度为15～25℃；牛吃饱后会停止进食，但还会不住地反刍；牛是素食动物，且食物范围很广，最喜欢吃青草，还喜欢吃一些绿色植物（或果实），如水花生、红薯藤（苗）、玉米（苗）、水稻、小麦苗等。

牛单胎，双胎率一般仅占怀孕总数的1%～2.3%。除高寒地区的牦牛因终年放牧，受气候影响，属季节性发情外，舍饲的牛一般均为常年多次发情，四季均可。发情周期基本都相似，平均21天左右，妊娠期约280天。牛属中的4个牛种可相互杂交，其中有的牛种杂交后代（如瘤牛×普通牛）公、母牛均有生殖能力；有的牛种杂交后代（如牦牛×普通牛，野牛×普通牛）母牛能生殖，公牛则不育。

牛肉的营养价值如下。

① 牛肉提供高质量的蛋白质，含有全部种类的氨基酸，各种氨基酸的比例与人体蛋白质中各种氨基酸的比例基本一致，其中所含的肌氨酸比任何食物都高。

② 牛肉的脂肪含量很低，但它却是低脂的亚油酸的来源，还是潜在的抗氧化剂。

③ 牛肉含有矿物质和维生素B群，包括烟酸、维生素B_1和核黄素。牛肉还是每天所需的铁质的最佳来源。

④ 牛肉还含肉毒碱。

（3）羊

羊是羊亚科的统称，哺乳纲、偶蹄目、牛科、羊亚科，是人类的家畜之一，四腿反刍动物。人类通过饲养羊获得其皮毛与肉达到经济用途。中国主要饲养山羊和绵羊。

羊是人们熟悉的家畜之一，其饲养在我国已有5000余年的历史。羊全身是宝，其毛皮可制成多种毛织品和皮革制品。在医疗保健方面，羊更能发挥其独特的作用。羊肉、羊血、羊骨、羊肝、羊奶、羊胆等可用于多种疾病的治疗，具有较高的药用价值。羊肉营养丰富，历来被用作壮阳的佳品。它富含优质蛋白质12.3%，而脂肪含量仅28.8%，为猪肉的一半。另外含矿物质磷、铁以及维生素B、维生素A等营养素。常见的羊品种有：波尔山羊，小尾寒羊，杜泊羊，萨能奶山羊，南江黄羊等。

一般的肉用山羊都具有生长周期短、繁殖能力强、产肉产羊羔多等优点，并且通过遗传性，保持抗病性强的特点。

（4）兔

家兔是由野生穴兔驯化而来的。家兔的祖先由于个体较小和无御敌能力，常常被其他野兽吃掉，或者因适应不了环境而被淘汰。“适者生存”是自然选择的规律，因而现代家兔仍不同程度地保留其原始祖先的某些习性和生物学特性。如适于逃跑的躯体结构、打洞穴居、草食性、夜行性等。

家兔的生活习性有以下几点。

① 夜行性和嗜眠性。野生穴兔体格弱小，无御敌能力，在长期的生态环境下，为了生存而形成了昼伏夜行的习性。白天在洞里生活，夜间则四处活动和采食。在养兔场中，我们常常可以观察到家兔夜间十分活跃，而白天表现得十分安静，除喂食时间外，常常闭目睡眠。同时，家兔在夜间采食频繁。根据家兔这一习性，我们一方面应该注意合理安排饲养日程，晚上喂给足够的夜草和饲料；另一方面，白天应该尽量不要妨碍兔的休息和睡眠。

② 胆小、怕惊扰。兔耳生得长而大，听觉灵敏，常常竖起耳朵听声响，以便逃跑而避敌害。家兔是一种胆小的动物，在遇敌害时，借助敏锐的听觉和弓曲的脊柱能迅速逃跑。在家养情况下，突然来的喧闹声、生人和陌生动物都会使家兔惊慌，以致在笼中来回奔跑和乱撞。家兔在白天一般是很安静的，所以我们在饲养管理操作中，动作要稳，尽量避免发出容易使兔群惊慌的声响，同时要避免陌生人和猫狗等进入兔舍。

③ 家兔是喜干厌湿的动物。家兔的体格弱小，抗病能力差。干燥和清洁的环境能保持家兔的健康，而潮湿不卫生的条件往往成为家兔生病的原因。潮湿和污秽的环境有利于传染病原和侵袭病原的滋生，家兔一旦患病，就会造成很大的损失。所以，我们应该遵循清洁干燥的原则，搞好兔场设计和做好家兔的饲养管理工作。

④ 家兔群居性差。家兔群养，不论公母，同性别的成年兔经常发生争斗和撕咬，特别是公兔之间或者在新组织的兔群中，争斗咬伤现象比较严重，管理上应特别注意。

⑤ 打洞穴居性。家兔一般都有挖洞造穴的习性。

（5）禽类

禽也通称鸟类，全世界为人所知的鸟类一共有9000多种，仅中国就记录有1300多种，其中不乏中国特有鸟种。禽分飞禽和家禽两大类。本书主要对家禽进行阐述。

家禽本来是野生的飞禽，是人类为了经济目的或其他目的而驯养的鸟类。家禽的饲养驯化，在中国已有七千余年历史，已知最早开始驯化野生动物的原始居民是半坡原始居民。七千余年来培育了不少名品，如由绿头鸭驯化成的不会飞的家鸭中，北京鸭是良好的品种，年产70～120个蛋，而且制成的北京烤鸭，其美味已驰名中外。另外一些常见的家禽有：由大雁驯化而成的鹅，由原鸡驯化成的家鸡，保留飞翔功能，但不能飞太远，是人类饲养最普遍的家禽。现代家鸡源出于野生的原鸡，其驯化历史至少约4000年，并已由人工培育出许多优良的新品种，但直到1800年前后鸡肉和鸡蛋才成为大量生产的商品。家禽除提供人类肉、蛋外，它们的羽毛和粪便也有重要的实用价值。

1.1.2 养殖场规模

规模化养猪场类型的划分因采用的划分标准不同而异。根据养猪场年出栏商品肉猪的生产规模，规模化猪场可分为三种基本类型，年出栏10000头以上商品肉猪的为大型规模化猪场，年出栏3000～5000头商品肉猪的为中型规模化猪场，年出栏3000头以下的为小型规模化猪场，现阶段农村适度规模养猪多属此类猪场。适度规模肉牛养殖场指存栏能繁殖母牛10～50头或者育肥牛50～200头的肉牛养殖场。规模化养肉牛场，指标是肉牛出栏大于或等于200头，能繁母牛大于50头的肉牛养殖场。肉羊养殖场指常年出栏量为300只及以上的养殖场。规模化养鸡场指蛋鸡存栏大于或等于25000只，肉鸡出栏大于或等于35000只的养殖场。规模化养兔场指常年存栏能繁母兔400只以上的养殖场。

1.2 粪污类型

养殖场粪污中包括畜禽排泄的粪便、尿液，养殖场相关用水后的污水以及雨水的混合物。粪污对环境与人体的危害最为严重。首先，养殖场粪污产生严重的空气污染，发酵后的粪污会产生大量甲烷、氨气、酰胺类、醇类等有机物，恶臭气味，会直接导致动物出现应激反应，还会刺激养殖人员呼吸道系统，导致疾病的产生，无法保证畜牧产品的质量。在空气中排放有机气体，当超出环境自净能力后，温室效应会进一步加剧，降低空气质量。调查显示，畜牧业排出的温室气体远远超出汽车的排放量。其次，可污染水质，畜牧粪污中存在大量的磷、微生物、氮、抗生素、铁、铜及锌等物质，排入水中会导致水体溶解氧下降，出现富营养化问题，影响水生态安全与环境质量，危害渔业生产效果。粪污中的磷、氮等元素也会转化为磷酸盐、硝酸盐等有机物，一旦超出土壤的自净能力，则会渗透至地下，严重污染地表水与地下水系。且在自然状态下，此种污染需要地下水在300年后才可净化。再次是污染土质，畜禽养殖中会使用大量的添加剂与兽药，畜禽吸收后会以分解物或原物的形式排出体外，对畜产品与养殖环境造成严重污染。铜、砷及其他重金属元素会存在于饲料添加剂中，畜禽食用后除被自身利用吸收外，更多会以粪污的形式，排入农田造成严重污染且短时间内无法消除。氮磷有机物作为植物营养原料可以被农作物摄取利用，但当土壤中的氮磷有机物超出农作物所需后，土壤会出现严重板结问题，玉米、小麦等农作物无法健康生长，产量严重降低。最后，产生蚊蝇等有害生物，传播疾病。粪污中存在大量微生物与寄生虫卵等，会导致人畜共患的传染疾病。畜禽粪污会滋生蚊蝇，对环境产生较大污染。且人畜饮用被污染后的水源，或接触污染土壤后，还会引起中毒或其他疾病，严重危害动物与人类的健康。粪污处理可以分为固体粪污和液态粪污。

1.2.1 固体粪污

包括猪、牛、羊的粪便，以及鸡、鸭的粪便。是在对猪、牛、羊的粪污处理中，人工清粪或者机械清粪中，进行固液分离后的固体粪污。含氮化合物和糖类是粪污中主要的有机质。在发酵过程中会有恶臭气体还有甲烷等温室气体产生，会对禽畜、人类的生活环境产生不良影响。粪便中有大量微生物和寄生虫卵等，会导致人畜共患的传染病。

固体粪污的处理一般是进行堆肥化。堆肥指在人工控制好的条件下，通过使固体粪污发酵，促进细菌、真菌等微生物的分解，最终使得固体粪污中的有机物转化成简单又稳定的腐殖质。处理同时对固体粪污达到无害化处理的效果和资源化结果。

1.2.2 液态粪污

包括猪、牛的尿液以及冲洗禽畜圈的污水。是在对猪、牛、羊粪污处理中，被固液分离后的液体粪污。液态粪污中含有大量有机物以及丰富的氮、磷、钾等物质，在水体中会造成水体的富营养化，水生植物快速增殖导致水中含氧量迅速减少，导致水生生物的大量死亡、水质恶化、该部分水生生态系统的破坏。液态粪污中也含有大量的重金属离子、抗生素、病原体等污染物。

液态粪污的处理主要有两种：厌氧发酵和活性污泥处理。厌氧发酵是在厌氧微生物的作用下，通过处理畜禽粪便中的氨基酸和多糖，产生并收集沼气（CH_4）的过程。活性污泥法是利用活性污泥去除污水中可生化有机物的过程，同时也去除磷和氮。沼气发酵和活性污泥法是解决畜禽养殖场粪污处理和资源化利用的主要方式。

1.2.3 畜禽粪污中污染物

随着禽畜业快速发展，肉类的快速消耗作为时代特征。在不断地提升肉类产量的要求下，各种添加有重金属离子、抗生素的猪饲料应运而生。这些饲料具有促进禽畜生长，减少疾病发生率，增加产量的功效。重金属离子具有难迁移，难降解，容易富集，危害大等特点；抗生素在生态环境中起到了抗性基因的传播作用，会使细菌对抗生素产生药性。在经过禽畜的消化后，会有相当一部分的重金属和抗生素被留在粪便中，随着雨水迁移到土壤中，土壤系统造成破坏，对植物正常生长造成威胁。粪污中有大量病原微生物、寄生虫卵存在，一旦向水体中流入，将会导致水体病原数量、种类迅速增加，对人类、牲畜、生态系统造成严重的危害。

1.3 基本原则

（1）处理原则

① 畜禽养殖场或养殖小区应采用先进的工艺、技术与设备、改善管理、综合利用等措施，从源头削减污染量。

② 畜禽粪便处理应坚持综合利用的原则，实现粪便的资源化。

③ 畜禽养殖场和养殖小区必须建立配套的粪便无害处理设施或处理（置）机制。

④ 畜禽养殖场、养殖小区或畜禽粪便处理场应严格执行国家有关的法律、法规和标准，畜禽粪便经过处理达到无害化指标或有关排放标准后才能施用和排放。

⑤ 发生重大疫情，畜禽养殖场粪便必须按照国家兽医防疫有关规定处置。

（2）处理场地的要求

① 新建、扩建和改建畜禽养殖场或养殖小区必须配置畜禽粪便处理设施或畜禽

粪便处理场。已建的畜禽场没有处理设施或处理场的，应及时补上。禁止在下列区域内建设畜禽粪便处理场：生活饮用水水源保护区、风景名胜区、自然保护区的核心区及缓冲区；城市和城镇居民区，包括文教科研区、医疗区、商业区、工业区、游览区等人口集中地区；县级人民政府依法划定的禁养区域；国家或地方法律、法规规定需特殊保护的其他区域。

② 在禁建区域附近建设畜禽粪便处理设施和单独建设的畜禽粪便处理场，应设在规定的禁建区域常年主导风向的下风向或侧风向处，场界与禁建区域边界的最小距离不得小于 500m。

(3) 处理场地的布局

设置在畜禽养殖区域内的粪便处理设施应按照《畜禽场场区设计技术规范》(NY/T 682—2003) 的规定设计，应设在养殖场的生产区、生活管理区的常年主导风向的下风向或侧风向处，与主要生产设施之间保持 100m 以上的距离。

1.4 总体要求

为了深入推进农村环境综合整治工作，改善农村环境质量，保障农村生态环境安全，切实加强畜禽养殖污染整治，促进畜牧业和生态环境协调发展，建设生态绿色家园，结合农村实际情况，特制定镇政府将以整治面源污染、改善农村生态环境为目标，重点抓好畜禽粪便处理，特别是猪粪便污染整治，按照“集中收集，标本兼治，整体联动，全面整治”的要求，建立镇、村、组、户四级管理网络，促进畜禽养殖业又好又快地可持续发展与农村生态环境协调发展，有效控制和减少畜禽养殖排污量，使污染管控位置前移，通过努力达到“畜禽养殖总量适度化，养殖规模化，设施配套化，监管常态化，实现畜禽粪便无害化处理和资源化利用”的治理要求。

(1) 健全组织

镇党委、镇政府建立整治工作领导组，各村建立相应工作班子，形成上下联动、协调配合的良好局面。各有关部门都要各司其职、密切配合、整体联动、狠抓落实，确保完成集中整治任务。

(2) 宣传造势

制定畜禽粪污综合治理整体宣传计划，各村开辟宣传专栏，悬挂横幅，张贴标语，集中召开村内全体养殖户会议，宣传法律法规和各级政策，明确工作要求，给每个养殖户发放禁止直排粪污公告，动员养殖户积极开展粪污治理活动。

（3）普查登记

开展畜禽场粪污普查，全面掌握养殖场（户）的养殖地点（是否禁、限养区）、养殖品种及规模、目前清粪方式、治污设施、处理能力及运行情况、污染状况，协助养殖户研究治理手段、治理时间安排等，确定具体工作推进责任人，提出治理整改建议。按一场（户）一档的要求，逐一登记造册。普查登记资料作为制定实施计划的基础信息及年度考核验收的依据。

（4）综合整治

①“堵”直排口，全面禁止乱排乱放。严禁粪污直排，对继续养殖但不建治污设施、直排粪污的由环保部门实施查处直至拆除圈舍；对无法通过设施改造实施粪污治理的，动员养殖场（户）搬迁至适养区或自行拆除养殖圈舍设施等息养。

②“治”污染源，全面推行干式清粪。推广畜禽粪污减量化配套生产技术。建设必要的配套设施、设备，完善饲养管理工艺和操作规程，改水冲清粪为干式清粪、改无限用水为控制用水、改明沟排污为暗道排污，雨污分流，实现粪污最大程度的减量化。散小养殖户排放粪污立足自行就近还田利用，规模养殖场流转成片土地发展农林业循环利用，多余部分委托专业组织有偿收集，集中处理，综合利用。

③“控”载畜量，全面落实科学发展。严格实施《畜禽规模养殖污染防治条例》和《水污染防治行动计划》，以粪污产生与土地消纳相平衡为底线，严格控制禁养区、限养区内新建、扩建或改建畜禽养殖场所；实施禁养区规模畜禽养殖场有序关停、转迁；养殖密集的镇或村，必须由镇（区）根据畜禽分布情况，按照适度规模、排泄物治理设施配套、种养结合的原则，制定年生产总量控制规划；适养区新建、扩建畜禽养殖场，必须符合相关规划，办理用地、环保等审批手续，严格执行环保“三同时”制度和排污许可证制度。

第 2 章

与畜禽养殖粪污处理处置相关的法律法规及政策

2.1 我国的相关法律法规政策

2.1.1 《畜禽规模养殖污染防治条例》

禽畜养殖业的迅速发展，成为了农村经济的最具有活力的增长点，对保障供给侧经济，促进农民增收致富有重要的意义。但是，由于我国禽畜规模化养殖缺乏科学的引导和规划，导致我国的禽畜业并不合理的布局和对禽畜养殖污染防治手段的不到位，规模化的养殖产生的大量粪污、废水等废物得不到合理科学的处置，对当地环境产生了消极的影响。第一次全国污染源普查数据表明，禽畜养殖业 COD、总氮、总磷的排放分别是 1268 万吨、106 万吨和 16 万吨，分别占全国总排放量的 41.9%、21.7%、37.7%，分别占农业源排放量的 96%、38%、65%。近年来的污染源普查更新数据表示禽畜养殖污染物排放量所占比例还在持续不断上涨。可见，禽畜养殖污染物排放控制是一个新时代课题，关乎国家总体环境质量的改善。《畜禽规模养殖污染防治条例》（以下简称《条例》）是为了防治畜禽养殖污染，推进畜禽养殖废弃物的综合利用和无害化处理，保护和改善环境而制定的。2013 年 10 月 8 日国务院第 26 次常务会议通过，2013 年 11 月 11 日国务院令第 643 号公布，自 2014 年 1 月 1 日起施行。

在《畜禽规模养殖污染防治条例》颁布之前，我国没有国家层面上对农业禽畜养殖等生产上的污染物进行管理的法律法规。长期以来，禽畜养殖行业缺乏科学的管理，缺乏环境监管，导致长期的畜禽养殖污染泛滥，对养殖地区的环境产生了巨大的影响。同时，缺乏科学的治理策略，导致了大量的禽畜粪肥资源的浪费，资源成为污染物。推动畜禽养殖产业发展从加强科学布局、适度规模集约化发展、加强环保设施建设、推进种养结合、提高废弃物利用率等方面着手，提高畜禽养殖业的可持续发展能力，提升产业发展水平，提升产业综合效益。《条例》的出台，将从根本上解决畜禽养殖废弃物综合利用问题，为实现以环境保护促进产业优化升级，实现畜禽养殖业的发展与环境保护的和谐统一，提供强有力的制度保障。

2.1.2 《中华人民共和国环境保护法》

《中华人民共和国环境保护法》是为保护和改善环境，防止污染和其他公害，保障公众健康，推进生态文明建设，促进经济社会可持续发展制定的法律。随着农业污染物在污染防治中占越来越重要的地位，尤其是禽畜污染物越来越受到国家政府重视。在《中华人民共和国环境保护法》第四章第四十九条中指出：畜禽养殖场、养殖小区、定点屠宰企业等的选址、建设和管理应当符合有关法律法规规定。从事畜禽养殖和屠宰的单位和个人应当采取措施，对畜禽粪便、尸体和污水等废弃物进行科学处置，防止污染环境。这为禽畜废污的防范和治理提供了法律条文支持。

2.1.3 《中华人民共和国畜牧法》

《中华人民共和国畜牧法》是为了规范畜牧业生产经营行为，保障畜禽产品质量安全，保护和合理利用畜禽遗传资源，维护畜牧业生产经营者的合法权益，促进畜牧业持续健康发展而制定的法律。在这部法律中，第四十六条规定：动物养殖场、养殖小区应当保证畜禽粪便、废水等固体废物综合利用或无害化处理设施的正常运行，确保污染物达标排放，防止污染环境。动物养殖场、养殖小区违法排放畜禽粪便、废水和其他固体废物，造成环境污染危害的，应当排除危害，依法赔偿损失。对畜禽养殖场、养殖区进行畜禽粪便、废水及其他固体废物综合利用设施建设。修改后的法律法规还明确规定，畜禽养殖场、养殖小区等养殖主体应进行畜禽粪污及其他固体废物的综合利用。在此期间，随着生态文明建设的持续推进，政府意识到开展畜禽粪污资源化利用的迫在眉睫,制定了畜禽养殖污染防治各环节的技术规范，财政资金投入逐年增加，并开始重视激励性政策的应用。

2.1.4 《关于加快推进畜禽养殖废弃物资源化利用的意见》

畜舍、养殖小区应当保证畜禽粪便、废水及其他固体废物综合利用或无害化处理设施的正常运行，确保污染物达标排放，防止污染环境。畜舍、养殖区违法排放畜禽粪便、废水和其他固体废物，造成环境污染危害的，应当排除危害，依法赔偿损失。建立畜禽养殖场、养殖小区畜禽粪便、污水及其他固体废物的综合利用设施。新修订的法律法规还明确规定，畜禽养殖场、养殖小区等养殖主体要进行畜禽粪污和其他固体废物的综合利用。

2.2 我国的相关标准及规范

为贯彻《中华人民共和国环境保护法》《中华人民共和国水污染防治法》《中华人民共和国大气污染防治法》，控制畜禽养殖业产生的废水、废渣和恶臭对环境的污染，促进养殖业生产工艺和技术进步，维护生态平衡，制定《畜禽养殖业污染物排放标准》(GB 18596—2001)。

该标准适用于畜禽养殖集约化、规模化养殖场，不适用于畜禽散养户。按照养殖规模，分阶段逐步控制，鼓励种养结合和生态养殖，逐步实现全国养殖业的合理布局。

针对畜禽养殖业污染物排放的特点，该标准规定的污染物控制项目包括生化指标、卫生指标和感官指标。为了推进畜禽养殖污染物的减量化、无害化和资源化，促进畜禽养殖业干排粪工艺的发展，减少水资源的浪费，制定了废渣无害化环境标准。

2.2.1 主题内容

该标准按集约化畜禽养殖业的不同规模分别规定了水污染物、恶臭气体的最高允许日均排放浓度、最高允许排水量，畜禽养殖业废渣无害化环境标准。

2.2.2 适用范围

该标准适用于全国集约化畜禽养殖场和养殖区污染物的排放管理，以及这些建设项目环境影响评价、环境保护设施设计、竣工验收及其投产后的排放管理。

2.2.3 规模分级

该标准适用的畜禽养殖场和养殖区的规模分级，按表 2-1 和表 2-2 执行。

对于不同畜禽品种的养殖场和养殖地区，其规模可以转换成鸡、牛的养殖数量，即 30 只蛋鸡转化为 1 头猪，60 只肉鸡转换为 1 头猪，1 头奶牛折算成 10 头猪，1 头肉牛折算成 5 头猪。

表 2-1　集约化畜禽养殖场的适用规模（以存栏数计）

类别规模分级	猪（25kg以上）/头	鸡/只		牛/头	
		蛋鸡	肉鸡	成年奶牛	肉牛
Ⅰ级	≥3000	≥100000	≥200000	≥200	≥400
Ⅱ级	500≤Q<3000	15000≤Q<100000	30000≤Q<200000	100≤Q<200	200≤Q<400

表 2-2　集约化畜禽养殖区的适用规模（以存栏数计）

类别规模分级	猪（25kg以上）/头	鸡/只		牛/头	
		蛋鸡	肉鸡	成年奶牛	肉牛
Ⅰ级	≥6000	≥200000	≥400000	≥400	≥800
Ⅱ级	3000≤Q<6000	100000≤Q<200000	200000≤Q<400000	200≤Q<400	400≤Q<800

注：Q表示养殖量。

在二级标准范围内，位于国家环保重点城市、重点流域、污染严重河网地区的集约畜禽养殖场和养殖区，所有一级规模的集约化畜禽养殖场和养殖区，自该标准实施之日起开始执行。在其他地区二级以上规模的集约养殖场、养殖小区，具体实施标准的时间，可由县级以上人民政府环境保护行政主管部门确定。在集约化养羊场和养羊区，用羊养殖量换算成养殖量，换算比例为：3 只羊换算成 1 头猪，根据换算后的养殖数量确定养羊场或养羊区的规模级别，并参照该标准的规定执行。

2.2.4　定义

集约化畜禽养殖场指进行集约化经营的畜禽养殖场。集约化养殖是指在较小的场地内，投入较多的生产资料和劳动，采用新的工艺与技术措施，进行精心管理的饲养方式。

集约化畜禽养殖区指距居民区一定距离，经过行政区划确定的多个畜禽养殖个体生产集中的区域。

废渣指养殖场外排的畜禽粪便、畜禽舍垫料、废饲料及散落的毛羽等固体废物。

恶臭污染物指一切刺激嗅觉器官，引起人们不愉快及损害生活环境的气体物质。

臭气浓度指恶臭气体（包括异味）用无臭空气进行稀释，稀释到刚好无臭时所需的稀释倍数。

最高允许排水量指在畜禽养殖过程中直接用于生产的水的最高允许排放量。

2.2.5 技术内容标准

（1）集约化禽畜养殖业水冲工艺最高允许排水量。

水冲工艺最高允许排水量见表 2-3。

表 2-3 集约化畜禽养殖业水冲工艺最高允许排水量

种类	猪/[m^3/(百头·天)]		鸡/[m^3/(千只·天)]		牛/[m^3/(百头·天)]	
季节	冬季	夏季	冬季	夏季	冬季	夏季
标准值	2.5	3.5	0.8	1.2	20	30

注：1. 废水最高允许排水量的单位中，百头、千只均指存栏数。

2. 春、秋季废水最高允许排水量按冬、夏两季的平均值计算。

（2）集约化禽畜养殖业干清粪工艺最高允许排水量。

干清粪工艺最高允许排水量见表 2-4。

表 2-4 集约化畜禽养殖业干清粪工艺最高允许排水量

种类	猪/[m^3/(百头·天)]		鸡/[m^3/(千只·天)]		牛/[m^3/(百头·天)]	
季节	冬季	夏季	冬季	夏季	冬季	夏季
标准值	1.2	1.8	0.5	0.7	17	20

注：1. 废水最高允许排水量的单位中，百头、千只均指存栏数。

2. 春、秋季废水最高允许排水量按冬、夏两季的平均值计算。

（3）集约化禽畜养殖业水污染物最高允许日均排放浓度。

水污染物最高允许日均排放浓度见表 2-5。

表 2-5 集约化畜禽养殖业水污染物最高允许日均排放浓度

控制项目	五日生化需氧量/(mg/L)	化学需氧量/(mg/L)	悬浮物/(mg/L)	氨氮/(mg/L)	总磷(以P计)/(mg/L)	粪大肠菌群数/(个/L)	蛔虫卵/(个/L)
标准值	150	400	200	80	8.0	10000	2.0

（4）集约化废渣无害化环境标准

① 畜禽养殖业必须设置废渣的固定贮存设施和场所，贮存场所要有防止粪液渗漏、溢流措施。

② 用于直接还田的畜禽粪便，必须进行无害化处理。

③ 禁止直接将废渣倾倒入地表水体或其他环境中。畜禽粪便还田时，不能超过当地的最大农田负荷量，避免造成面源污染和地下水污染。

④ 经无害化处理后的废渣，应符合表 2-6 的规定。

表 2-6　畜禽养殖业废渣无害化环境标准

控制项目	指标
蛔虫卵	死亡率≥95%
粪大肠菌群数	≤10^5个/kg

⑤ 集约化畜禽养殖业恶臭污染物的排放执行表 2-7 的规定。

表 2-7　集约化畜禽养殖业恶臭污染物排放标准

控制项目	标准值
臭气浓度（无量纲）	70

2.2.6　采样点和采样频率

污染物项目监测的采样点和采样频率应符合国家环境监测技术规范的要求。污染物项目的监测方法按表 2-8 执行。

表 2-8　畜禽养殖业污染物排放配套监测方法

序号	项目	监测方法	方法来源
1	生化需氧量（BOD_5）	稀释与接种法	HJ 505—2009
2	化学需氧量（COD_{Cr}）	重铬酸盐法	HJ 828—2017
3	悬浮物（SS）	重量法	GB 11901—89
4	氨氮（NH_3-N）	纳氏试剂分光光度法 水杨酸分光光度法	HJ 535—2009 HJ 536—2009
5	总 P（以 P 计）	分光光度法	GB/T 6437—2018
6	粪大肠菌群数	多管发酵法	HJ 347.2—2018
7	蛔虫卵	沉淀集卵法	HJ 775—2015
8	蛔虫卵死亡率	堆肥蛔虫卵检查法	GB/T 19524.2—2004
9	寄生虫卵沉降率	粪稀蛔虫卵检查法	GB 7959—2012
10	臭气浓度	三点比较式臭袋法	GB/T 14675—93

2.3 国外的相关法律法规政策

2.3.1 美国畜禽法律法规政策

美国畜禽养殖污染控制领域的法规包括：水净化法案《净水法》（CWA）、联邦水污染法和州、地方制定各级法规；联邦政府立法对畜禽养殖污染控制做一般性说明；州级立法对畜禽养殖污染控制进行一般性说明，地方市县对其具体规定予以明确细化，形成“联邦-州-地方”三位一体的畜禽养殖污染控制。1972 年，美国国会颁布了《净水法》（CWA），该法案是国会委托美国环境保护署（EPA）负责实施的。该法案规定，没有 EPA 许可，任何企业都不得向任何水域排放污染物，将畜禽养殖场列入污染物排放源，饲养 1000 个畜牧单位（折合肉猪 2500 头）以上的养殖场纳入点源污染源。1999 年 3 月，美国农业部和美国环保署联合发布畜禽养殖场治理统一国家战略，首次对“畜禽粪便养分管理计划”（Comprehensive Nutrients Management Plan，CNMP）进行了定义，通过对水、土壤、空气、动植物资源的保护措施和资源管理计划，要求畜禽养殖大户必须实行、鼓励小农户自愿实施养殖计划，主要包括：粪便和污水贮存与处理、营养物质管理、土壤资源保护、饲料管理、作业记录和可选择的利用方式，同时还关注空气质量、病原菌、盐和重金属等方面各州根据土壤可吸收养分确定养殖规模，但并没有给出在“土地-动物数量”之间的直接简单参数，而是依据各地实际计算并根据营养状况来确定养殖规模。CNMP 把畜禽粪便作为养分进行管理，而非进行处理，美国对畜禽粪便的检测项目主要包括有机质、氮、磷、钾等养分指标，且非常重视磷和氮的平衡及管控，而我国现行的畜禽养殖粪便排放主要 COD、BOD_5、氨氮等污染指标。为了保证粪便中氮、磷等营养成分的含量，美国养猪场主要采用水泡粪的方式，将猪粪尿及污水长期贮存在猪舍下部的粪坑直至农田利用，或定期从猪舍下面的粪坑移至专用贮存池内；因为奶牛场采用干清粪方式，所以牛粪被长期贮存在猪舍下面的粪坑内，并定期从猪舍粪坑移至专用贮存池，奶牛场使用；奶牛场使用时，采用人工堆肥方式，以保证贮存在猪舍内的牛粪养分含量。为了避免环境风险，除了农地利用之外，美国农场在肥料、肥料、土壤等方面的养分供应超过作物所需营养的情况下，选择其他粪污处理方法，如堆肥处理、厌氧发酵等，但这些技术在美国养殖场粪污处理中占比较小。

2.3.2 欧盟畜禽养殖环保政策

欧盟成员国在畜禽粪便利用方面对畜禽养殖规模、养殖密度、畜禽粪便贮存、利用方式、施用量限制等方面做出了详细的规定。在荷兰，养殖业密度大，畜禽养殖污染的控制非常严格。畜禽养殖规模在 1984 年以后一直受到政府的限制管理，由于草地有很强的吸收消纳能力，荷兰政府将畜禽粪便氮的施用限制标准定为 250kg/hm^2，而耕地则限制在 170kg/hm^2。此外，荷兰政府还建立了畜禽粪便处理协议，要求养殖业主有过剩的畜禽粪便，必须与种植商或加工商签订粪便处理协议，而无法处理过剩畜禽粪便的养殖者将面临缩减饲养规模或停产。另外，荷兰政府还鼓励畜禽粪肥加工销售，并对粪肥运输环节给予补贴。英国政府于 1988 年颁布实施并于 1991 年修改的《城乡总体发展规划法》规定：在畜禽养殖场建造和任何保护性建筑之间必须有 400 多米的隔离带。为了防止畜禽粪便在土地上消耗过多，英国对大型畜牧场的养殖规模进行了严格限制，规定奶牛、肉牛、生猪、蛋鸡的养殖密度分别为 200 头/hm^2、1000 头/hm^2、3000 头/hm^2 和 7000 只/hm^2，并规定了在水源环境敏感区内的饲养密度：牛 3～9 头/hm^2、马 3～9 匹/hm^2、羊 18 头/hm^2、猪 9～15 头/hm^2、鸡 1900～3000 只/hm^2、鸭 450 只/hm^2，并规定畜禽粪便必须经过处理后才能排放到外部水体。丹麦政府根据丹麦气候状况对畜禽粪肥还田利用标准做了详细规定，充分考虑了寒冷气候对畜禽粪便贮存施用的影响。欧盟的《有机农业和有机农产品与有机食品标志法案》于 1991 年实施，要求有机农产品种植必须使用适度的有机农畜源肥料，当有机肥料达不到使用要求时，可适当补充其他肥料。该法的实施有效地推动了欧盟国家采用先进的处理工艺技术，使畜禽粪便加工成符合有机食品标准的有机肥，促进了畜禽粪便的资源化利用。

2.3.3 加拿大畜禽养殖环保政策

加拿大政府尤其重视利用土地消纳畜禽粪便，实现高度的农牧结合从而解决畜禽养殖污染问题。加拿大对畜禽养殖污染的管理主要集中在联邦各省，由各省制定本辖区畜禽养殖污染防治政策。另一方面，要严格加强畜禽养殖场的建设管理，实行新办牧场审批制度，新办牧场必须出具地形、距离水源距离、粪污消纳土地面积、土壤养分平衡条件、新办牧场审批制度、牧场选址的地形、距离水源距离、粪污消纳设施等方面的情况说明，要制定和提交营养管理计划、有关畜禽粪便贮存与利用计划，养殖场必须配套足够的消纳畜禽粪便的土地，养殖场的营养管理计划经主管部门审核通过后，才能取得生产许可证。同时，还制定了一系列技术规范，如养殖场选址建设、畜禽粪便贮存与利用等，如：饲养30头以下母猪（或500头育肥猪）规模的养殖场可以随时将粪便直接撒到地里；养殖30～150头母猪规模的养殖场每2周撒一次；饲养150～400头母猪规模的养殖场要有一个贮粪池，一年播种一次；饲养400头母猪，每半年建一座猪粪池；阿尔伯塔省2000年颁布的《畜禽发展及粪便管理实施规范》规定，每公顷土地的猪粪尿用量为57～114t，或666.67m^2土地上2头育肥猪的粪便，若无足够土地，可做调整。在安大略省鼓励畜禽养殖场建立环境友好型养殖模式，对与之配套建设畜禽养殖环保设施的业主给予补贴，补贴范围包括粪尿贮存、利用设施和水源保护设施的设备补贴。

2.3.4 日本畜禽养殖环保政策

为解决畜禽养殖污染问题，日本政府出台了一系列法规。如《水污染防治法》规定猪舍、牛棚和马厩面积分别为50m^2、200m^2、500m^2以上且在公共用水区域排放污水的畜禽养殖场，需在都道府县知事处申报设置特定设施，并制定了畜禽养殖场污水排放标准：BOD排放量不超过120mg/L，COD排放量不超过160mg/L，氮量的允许浓度上限值为129mg/L，日平均浓度为60mg/L；磷的允许质量浓度上限值为16mg/L，日平均浓度为8mg/L。同时，日本政府还出台了一系列经济激励政策，激励养殖场开展污染防治，如养殖场粪污处理设施的建设和运行费用由国家和道府县分别补贴50%和25%。为了保护牲畜产环境，日本政府还制定了保护牲畜产环境的相关管理措施：对有助于改善和保护牲畜产环境设施的事业进行经济上的资助，如牲畜产环境对策研究事业、畜产经营环境改善和保护畜产环境的研究事业、畜产经营环境及促进家畜粪尿新技术实用化事业等。

第 3 章

畜禽粪污收运及预处理技术

随着畜牧养殖业的迅速发展，猪、牛、羊、鸡、鸭等养殖业均逐渐向集约化、规模化转变。而养殖污染成为制约该行业发展的棘手问题。据中国污染排放源统计，农业源污染已经超过工业污染和生活污染，其中畜牧养殖业又是农业污染主要排放源。包括：通过氨气（NH_3）及硫化氢（H_2S）等有害气体和二氧化碳（CO_2）及甲烷（CH_4）等温室气体排放造成的大气污染；高氮、磷等营养盐的养殖废水导致的水体富营养化问题；以及高重金属、抗生素和病原微生物等对土壤的污染，这些污染问题制约了畜禽养殖产业自身的可持续发展，同时也对环境治理造成很大困难。减量和过程控制是畜禽养殖粪污综合治理的关键环节，舍内粪污的收运方式一方面对污染物产生量和浓度有重要影响，另一方面关系到后续处理和资源化利用的成本和方式。

3.1 畜禽粪污的收集

规模化养殖的粪尿收集主要有水冲粪、水泡粪、干清粪三种工艺。

3.1.1 水冲粪

水冲粪方法是每天定时、多次从粪沟一头的高压喷头放水，将进入漏粪地板下的猪粪尿冲入主沟，然后流进地下的贮粪池或用泵抽到地面上的贮粪池，使得圈舍内保持清洁卫生的环境，冲洗水带着粪污进入粪沟后进行后续处理。

水冲粪工艺设备简单，投资少，人工劳动强度小，猪舍内能及时保持干净清洁。但冲粪需要消耗大量的水，水分的加入使得粪污的养分进行稀释，并且含水量过多对后续的堆肥发酵处理都有很不利的影响。水冲粪后的粪污固液分离难度大，固液分离后的废水含有抗生素、病原体等污染物，处理难度也大。处理的固体肥料养分含量低、肥效差。该工艺目前已经被基本淘汰。

3.1.2 水泡粪

水泡粪工艺是在水冲粪工艺的基础上，经改进后推广使用的一种粪尿收集方法，主要用于猪场。其方法是：先向猪舍的漏粪地板下粪沟中注入一定量的水，生产过程中产生的粪尿、废水全部排放到粪沟，向收集的粪污中加入发酵菌经 1～2 个月发酵，粪沟里的粪尿、废水已经装满，这时可以打开出口的闸门，粪水通过主干沟流进地下的贮粪池或用泵抽到地面上的贮粪池。该工艺劳动强度小，用水少。然而水泡粪方式属于粪污的一种初步稳定化处理过程，消化过程造成的污染物排放要计入舍内环节，采用水泡粪方式的粪污舍内停留时间远高于水冲粪，粪水长时间混合发生厌氧发酵，产生大量包括氨气、硫化氢和甲烷等的有害气体，严重影响舍内空气质量，对生猪和工作人员的健康不利，故采用水泡粪方式的猪舍更需要注意环境问题。

相比水冲粪，水泡粪工艺更节省冲洗用水，工艺技术上不复杂，不会受气候变化影响，这些优点使得该工艺应用更加广泛。此外，如事先在粪沟的底部注入一定高度的水，且粪污的收集过程未使用冲洗水，且养殖废水分类收集，未进入粪池中，这种方式为尿泡粪工艺，是水泡粪的一种特殊类型，节水效果更好同时舍内环境要优于水泡粪圈舍。

3.1.3 干清粪

干清粪是借助机械或人工将畜禽粪尿、冲洗水单独或一起清理出舍，保持环境卫生，提高肥效，降低后续处理费用的一种工艺。其方法是：借助刮粪系统、履带式清粪机或直接人工将畜禽粪便清理出粪道，尿、冲洗水自下水道流出，分别进行收集。人工干清粪设备简单，投资小，粪尿可直接分离，后期处理简单。但劳动量大，生产效率低，不利于规模化养殖场推广应用。机械干清粪一次性投资大，在经常更换刮粪板并做好维护的情况下，可连续使用多年；可以减轻劳动强度，适于规模化养殖场应用。

研究发现水泡粪工艺的粪尿长时间停留在水中，粪便中的养分如有机物、氮、磷等物质会转移到水中，导致污水的污染物浓度升高，水泡粪污水的 COD 浓度能达到 20000mg/L、氨氮也有近 1500mg/L，好氧微生物在这种高氨氮的废水中活动会受到抑制和毒害，难以进行生物处理（吴根义，2014）；而且 TS 含量高的污水采用筛分、沉淀和过滤等常用的固液分离方式时效果并不明显，处理后水中仍有较高浓度的氮、磷等营养元素，对于脱水后的固相部分来讲，含水率高的问题无法解决。目前存在一种技术可以很大程度提高营养物质的分离能力，那就是离心，目前离心技术的广泛应用被限制是因为比较高的运行成本。水泡粪的高有机物浓度污水的后续处理费用和难度很高，水泡粪工艺的使用在很多地区受到了限制。良好的舍内环境和较低的后续处理难度使干清粪方式成为我国清粪方式的优先选择，目前环保部门的相关规范明确指出新建、改扩建的畜禽养殖场宜采用干清粪工艺。

干清粪方式分为机械干清粪与人工干清粪两种，通过漏粪地板等地面设计使粪尿在产生后进行初步分离，其中固态粪便由机械设备或者人工进行清扫，并转移到粪便收集池；尿液和冲洗废水等则在产生时通过沟渠流入污水收集池，之后分别进行后续处理（常杰等，2015）。采用机械清粪方式的畜舍，粪便产生后留在粪槽中，尿液则经过导尿槽流出。由于粪污在产生后即完成初步的固液分离，得到的固态粪便水分含量低，粪便中流失的营养物质少，增加了后续利用价值；同时该方式能减少冲洗水的使用，污水排放量少，因减少粪便与废水共存时间，故废水中污染物的含量较低，减小了废水后续处理的难度，同时及时有效地将粪便运出舍外，能使舍内保持良好的环境。

不同清粪工艺污水产生量有所差异，但是我们可以说，干清粪可以产生远低于水泡粪、水冲粪工艺的污水。水冲粪方式耗水量极大，增加了猪场的生产成本和粪污产量（祝其丽等，2011）；相比干清粪方式，水泡粪的污水量也很高，是人工清粪的 3.66 倍。人工干清粪工艺产生的污水量与机械干清粪工艺相差不大，都可以从源头上减少污水的排放，这样更有利于做到排放减量化，而机械清粪工艺因操控机械进行粪污清运，不仅减少人力需求降低了工作量，还有较好的工作效果，对规模化猪场提高机械化、自动化、集约化水平提供助力。

（1）人工清粪

人工清粪是干清粪方式之一，该清粪方式通过人工清理出畜禽舍地面的固体粪便，人工清粪只需用一些清扫工具、手推粪车等简单设备即可完成。畜禽舍内大部分的固体粪便通过人工清理后，用手推车送到贮粪设施中暂时存放；地面残余粪尿用少量水冲洗，污水通过粪沟排入舍外贮粪池。该清粪方式的优点是不用电力，一次性投资少，还可做到粪尿分离；缺点是劳动量大，生产效率低。人工成本不断增加，养殖场就要付出更多的成本；收集后的粪便不能及时运走，会占用大量场区土地；大量粪尿会滋生蚊蝇，产生恶臭，从而污染空气、土壤、水源，加剧病原菌的传播和扩散，严重威胁畜禽的生长和健康，也会给周围居民的身体健康带来隐患。

（2）机械化清粪

国内机械式清粪的主要方式是刮板机械清粪，主要是指清除诸如猪、牛等传统大型畜禽棚内的粪便、粪便、机械的刮板清理装置。

其主要机械设备有刮板清理装置、自动清粪车或小型装载机等。大规模育肥牛场主要采用自走式清理技术，利用自走式清粪车或小装载机等机械设备将固体粪便直接运到圈舍外或粪沟内，地面上残留的粪尿用少量水冲洗排入粪沟。大多数奶牛养殖场主要采用刮板自动清粪技术，包括链式刮板清粪装置和往复式刮板清粪装置。刮板清粪原理是通过电力带动刮板沿纵向粪沟将粪便刮到横向的粪沟排出，链式刮板和往复式刮板的区别在于：链式刮板清粪机通过电力带动刮板排出舍外。驱动装置由链条或钢丝绳带动刮板形成闭合环路在粪沟内单向移动，将粪便运至圈舍污道端的集粪坑内，并由倾斜的升运器将粪便送出舍外。往复式刮板清粪装置由带有刮粪板的滑架、传动装置、导引轮、张力装置、刮板等部件组成，装在明沟或漏粪底泥的粪沟内，清粪时刮粪板作直线往复运动。刮板清粪可24h清粪，时时保持畜禽圈舍的清洁，机械操作简单，基本无噪声，对圈舍动物饲养无不利影响，缺点是链条或钢丝绳与粪尿接触易被腐蚀而发生断裂。

① 刮板清粪装置。链式刮板清粪机，适用于粪沟在猪舍外部的猪舍。猪粪需要人工清扫至粪沟内，再通过链节上的刮粪板将粪便刮到猪舍一端的集粪池内，再通过螺旋推进器将粪便提升至运粪车中，该装置主要是省去了农民将猪粪装至运粪车的过程，对工作量的减少相对较少，在北方温度较低时使用会受到限制。

往复式刮板清粪机，适用于装有漏粪地板的猪舍。粪沟直接就在漏粪地板下方，猪尿通过粪沟下方的排尿管流入整个猪场的排污管道中，猪粪经过刮粪板收集到猪舍两端的集粪池内，再通过螺旋推进器提升至运粪车中。使用漏粪地板结合该装置可以大大提高猪场的清粪效率，减少工人的工作量。多数使用机械清粪猪场使用的都是此类清粪机。

② 刮板清粪装置的不足。比如刮板清粪设备在清粪过程中刮粪板会挤压粪便，导致粪便黏附在地面或传送带上，导致清粪不彻底，而且刮粪过程容易破坏粪污的结壳，增加 NH_3 的产生，造成清粪过程中的排污量增加；刮粪板在长期使用后会老化损坏，导致清理不完全影响清粪周期，难以做到及时清运；很多采用刮粪板的猪舍不注重舍内密闭性的问题，在冬季经常出现通风问题。传送带清粪虽然能快速将粪便运出并初步完成粪尿分离，但是粪尿分离效率低，后续处理仍较困难，在舍内设置时也有诸多不便（马平等，2019）；且传送带长时间未清洁使用会导致粪污在带上聚集，影响清粪效果。

③ 机械化清粪与人工清粪的比较。机械清粪组与人工清粪组收集的固态粪便在含水率上差异极显著，人工清粪组比机械清粪组的含水率高出 4.92%；赵许可研究了人工清粪方式和输送带式机械清粪方式对粪便的清运效果，结果发现两种清粪方式得到的固体粪便含水率均小于 70%，本试验结果相符。试验中机械清粪组收集的

粪便含水率较低，符合堆肥发酵的水分要求，这种含水率较低的粪便在运输过程中不会因漏液而污染环境，更利于后续的处理与利用。机械清粪组固态粪便中总氮、总磷和氨氮的含量极显著高于人工清粪组，故作为有机肥的利用价值要高于人工清粪组。机械清粪组收集的污水中总氮、总磷、氨氮、COD 浓度都极显著低于人工清粪组。机械清粪的固液分类收集方式既能提高固态粪便中有机物综合利用的价值，同时也降低了养殖场污水的处理难度和处理负荷。

3.2 畜禽粪污的贮存与转运

动物养殖场的粪便应设置专门的贮存设施。动物养殖场、养殖小区或畜禽粪便处理场应分别设置液体和固体废物贮存设施，畜禽粪便贮存设施位置必须距离地表水体 400m 以上。畜禽粪便贮存设施应设置明显标志和围栏等防护措施，保证人畜安全。贮存设施必须有足够的空间来存粪便。在满足下列最小贮存体积条件下设置预留空间，一般在能够满足最小容量的前提下将深度或高度增加 0.5m 以上。

3.2.1 液体粪污的贮存

对液体粪便贮存设施最小容积为贮存期内粪便产生量和贮存期内污水排放量总和。对于露天液体粪便贮存时，必须考虑贮存期内降水量。一般情况下，贮粪池的大小容积要根据饲养畜禽的品种、数量、粪便的生产量、贮存时间等情况进行计算和设计，一般考虑 6～8 个月的贮存量。污水量按照《畜禽养殖业污染物排放标准》（GB 18596—2001）中集约化畜禽养殖业最高允许排水量标准计算或折算（表 3-1～表 3-3）。

贮粪池的防渗处理：贮粪池要符合防渗、防漏、防雨、防晒、防蝇、防火、防爆、防臭气扩散等要求。因此，贮粪池要用水泥预制建设，并用水泥预制板封顶，架设雨棚，做好遮阳、防晒等工作。

表 3-1　集约化畜禽养殖业水冲粪工艺最高允许排水量

种类	猪/［m^3/（百头·d）］		鸡/［m^3/（百只·d）］		牛/［m^3/（百头·d）］	
季节	夏季	冬季	夏季	冬季	夏季	冬季
标准值	2.5	3.5	0.8	1.2	20	30

表 3-2　集约化畜禽养殖业干清粪工艺最高允许排水量

种类	猪/[m^3/(百头·d)]		鸡/[m^3/(百只·d)]		牛/[m^3/(百头·d)]	
季节	夏季	冬季	夏季	冬季	夏季	冬季
标准值	1.2	1.8	0.5	0.7	17	20

表 3-3　集约化畜禽养殖业水污染物最高允许日均排放浓度

控制项目	五日生化需氧量/(mg/L)	化学需氧量/(mg/L)	悬浮物/(mg/L)	氨氮/(mg/L)	总磷/(mg/L)	粪大肠菌群数/(个/100mL)	蛔虫卵/(个/L)
标准值	150	400	200	80	8	1000	2

3.2.2　固体粪便贮存

对固体粪便贮存设施其最小容积为贮存期内粪便产生总量和垫料体积总和。实行干清粪工艺的畜禽养殖场，固体粪便贮存场地建设应符合《畜禽粪便贮存设施设计要求》(GB/T 27622—2011)。根据养殖数量、远期规划、产粪数量、存放时间等，在远离养殖场最少 100m 以外、常年主导风向的下风向或侧风向处，用砖混结构或混凝土结构建造带雨棚的“n”形槽式堆粪池，周围设置与排污沟分离的排雨水沟，防止雨水径流进入堆粪池内。

采取农田利用时，畜禽粪便贮存设施最小容量不能小于当地农业生产使用间隔最长时期内养殖场粪便产生总量。畜食粪便贮存设施必须进行防渗处理，防止污染地下水。畜禽粪便贮存设施应采取防雨（水）措施。贮存过程中不应产生二次污染，其恶臭及污染物排放应符合 GB 18596 的规定。

3.2.3　粪污的升运和运输

推粪机将畜禽粪污推堆集中在一起后，粪污提升机可将粪污从圈舍内跨越圈墙提升到运输车内，可以有效地减轻传统装车运输中的劳动强度。粪污升运机存在的问题主要是刮板输送链出现结块卡死，螺旋叶片与螺旋输送槽有时也会产生问题，比如推粪车将粪污推到粪污升运机上料后螺旋输送槽不能全部喂入，不能满足不同类型的猪粪提升机喂料。

运输器具应采取可靠的密闭、防泄漏等卫生、环保措施。

3.3 畜禽粪污预处理技术

传统的处理畜禽粪便的方式是将粪便直接倾倒至养殖场周围的农田或者废弃的空地上。然而，新排出的畜禽粪便中含有 NH_3、H_2S 等有害气体，若不能及时清除，臭气会增多，会造成空气污浊、蚊蝇滋生，而且畜禽粪便长期大量堆积，环境中有害病菌的数量也会增多。此外，粪便堆积如山或流经的地方，有大量高浓度的粪水渗入土壤，可导致植物一时疯长，或使植物根系受损，甚至导致植物死亡。严重者，粪水渗入地下水，会使地下水中的硝态氮、硬度和细菌总数严重超标。经检测，当畜禽粪水流入池塘中，氨氮含量达 0.2mg/L 或以上，对鱼类有毒害作用；流入饮用水水源，可成为疾病传播的源头，使畜禽抗病能力和生产力下降，不仅影响畜禽自身的生存、生长和发展，而且还污染环境，危及人类健康。

畜禽粪污产生的环境污染是比较严峻的，所以需要对其进行无害化处理。同时，由于禽畜粪污有史以来是作为农家肥进行使用，它说是放错地方的资源，所以我们在无害化处理粪污的同时，将粪污进行资源化利用。粪污的资源化处理主要可以分为两种，有氧堆肥和无氧发酵。畜禽粪污在进行好氧堆肥和无氧发酵等应用之前，必须进行预处理，通过物理的或化学的方法，将粪污中的悬浮固体、杂草和长纤维等固形物移除。通过固液分离，固形物便于批量运输，进行堆肥化处理制成优质有机肥，也可以制成牛床垫料；降低污水化学耗氧量（COD），为高效厌氧发酵创造条件并减轻负荷，降低沼液中 COD 浓度，便于后续处理（好氧处理）后的达标排放。

3.3.1 固液分离

实行固液分离，目的是为有效避免由于固液长期共存导致的相分离难度增大、粪便养分流失多的问题，最大程度保持了粪、尿的原有特征。同时，降低禽畜污水中污染物浓度，减少处理压力。移除畜禽粪污中的固形物，方法有多种。借助固形物的重力沉降，可以进行自然沉淀分离；干旱地区自然蒸发，其他地区人工加热，也可实现固液分离。

目前规模化的禽畜养殖场采用的是固液分离机来进行粪污固液的分离。禽畜粪便固液分离机通过无堵浆液泵将粪水抽送至主机，经过挤压螺旋绞龙将粪水推至主机前方，物料中的水分在边压带滤的作用下挤出网筛，流出排水管，分离机连续不断地将粪水推至主机前方，主机前方压力不断增大，当大到一定程度时，就将卸料口顶开， 挤出挤压口，达到挤压出料的目的，通过主机下方的配重块，可根据用户需求调节工作效率和含水率。

3.3.2 脱水干燥处理

粪污脱水借鉴固废脱水原理，污泥经浓缩处理后，含水率约为 97%，满足卫生标准、综合利用。污泥脱水有如下几种方法。

（1）自然脱水法

① 干化床。干化床包括过滤层和排水层。干床污泥泥层厚度一般在 0.15～0.30m，这样就会使污泥脱水到所需的含水率需要数天到数月，时间的长短取决于污泥的性质和气候条件。因臭味大，影响环境卫生，故此方法仅适用于消化污泥脱水。这种方法在土地价格较低的地方很有吸引力。

② 污泥干化池。淤泥干燥池类似于干化床，其泥层厚度比干化床大 3～4 倍，因此其污泥含水率下降至所需时间为 1～3 天。其原理是：根据污泥的脱水性能，选用相应的过滤材料。淤泥由泵抽至污泥干化池，泥浆在池中均匀扩散，水通过滤料层渗入池底的沟槽，而污泥则被截留在滤料上面，并在一定程度上进行掩埋处理。淤泥干化池这一技术仅为英国、德国等几个国家所采用，国内应用较少。

（2）机械脱水法

① 真空过滤机。真空过滤机的原理：转筒旋转，产生 40～80kPa 负压，将污泥吸到滤布上形成滤饼而脱水。带式真空过滤机的特征是循环滤布与转筒脱离后，用高压水从内向外冲洗滤布。

② 板框压滤机。这种装置在高压（0.29～0.69MPa）使污泥脱水，泥饼固体含量可达到 30%～50%。为了解决劳动量大、操作麻烦问题，近些年来，发展了自动装卸的板框压滤机。板框压滤机的滤室有定容式和变容式（称为膜式压滤机）。试验表明，在较低石灰用量下，膜式压滤机对氯化铁沉淀污泥脱水效果令人满意，产量较高、泥饼较干，不过它的单位过滤面积的投资较高。

③ 离心机。淤泥脱水用离心机出现于 20 世纪 50 年代，主要有两种，无孔转筐和转鼓螺旋离心机。旋转式螺旋离心机由旋转壳体和内螺旋组成，壳体为筒形、锥形和圆锥形，转速比转筐式快，因此应用范围较广。离心污泥脱水后的各种参数对

污泥脱水后的含水率有重要影响。

④ 带式压滤机。带式过滤机脱水区域主要分为：重力排水区、低压区和压力区。经过调理的污泥按照顺序通过，分别受到过滤和压缩作用而排水，在起始供泥浓度＜4%情况下，能够得到很好的运行效果。

（3）干化脱水

干湿脱水概念：干化是一种利用热能快速蒸发污泥水分的处理工艺，根据热源和加热方式的不同，可分为流化干燥、间壁干燥、过热蒸气干燥、红外辐射干燥、碰撞流干燥等。目前国外常用的干燥工艺有流化床干燥、圆盘干燥和转鼓干燥。

① 流化床干燥过程。在流化床干燥器的整个底部断面均匀吹入流化气体，使其内部形成流化层。当污泥逐渐干燥和密度降低时，干化污泥会上升至上层，然后在流化床的上部被抽走。特性：污泥在干燥过程中无须预处理，直接进入流化床干燥器；整个系统是一个封闭的循环系统，气体中的氧含量极低，基本惰性化；污泥水分以气态形式进入空气，气体冷凝除水后再进入循环，否则污泥易黏结。淤泥在流化床中经过激烈的流态化运动，形成均匀的污泥颗粒，由旋风除尘器收集细颗粒，再与少量湿污泥混合，再进入污泥干燥器，可提高污泥干燥效率。干燥的颗粒经过冷却后进入充满惰化气体的干燥颗粒贮存室，所产生的少量废气被送入生物过滤器除臭后排放到大气。

② 圆盘干燥过程。热能通过油体或蒸汽输送至干燥盘。烘干盘为5～7层盘状，先均匀地铺在上面的圆盘上，主轴上的搅拌叶片将污泥由内向外推，送至下一层圆盘上，依次下滑。为更好地利用污泥颗粒自身的热量，在每层污泥颗粒表面都有一层新污泥，并不断增大其干燥颗粒，干燥颗粒部分返回盘式干燥机，并将经合格的分粒径颗粒冷却后送至颗粒贮料仓。煤气冷凝除水后经过高温焚烧，可完全去除臭气后高空排放。

③ 转鼓干燥工艺。以空气为传热介质。湿污泥和部分干化颗粒在混合器中混合，由气流把它带入转鼓干燥器，污泥在转鼓干燥器中随气流以稳定的速度旋转前进，由内筒向外筒转移，污泥逐渐被干化成颗粒。被干燥的污泥颗粒与气体分离，经分级筛，粒径合格颗粒进入贮料仓，粒径不合格的颗粒返回与湿污泥混合。气体处在一个循环系统中，通过转鼓干燥器的气体与污泥颗粒分离，再经冷凝器冷凝再次进入循环，少量废气经生物过滤器除臭后排出。

（4）自然干燥

本处理方式的难度较小，目前应用较为广泛。工作人员只需在水密地面、塑料布上摊铺畜禽粪便，定时进行必要的翻动，自然风干粪便即可。本技术不需要较高的成本，适用于规模较小的养殖户，但季节、天气等因素会影响到技术的使用效果，且会有大量臭味产生。

（5）烘干膨化干燥

本方式是将喷放机械效应、热效应利用起来，通过杀灭粪便中的病菌与虫卵，消除掉粪便的臭味，促使其与卫生防疫要求相符合。技术应用实践中，需依托干燥车间处理畜禽粪污，之后利用低温干燥机对粪污水分含量进行降低，一般控制在13%以内。本方式需较大的投资成本和能量消耗，且会有较多臭气产生。

（6）高温快速干燥

本技术将回转式滚筒干燥机利用起来，通过高温作用快速减少畜禽粪污中的水分。本技术能够大批量处理畜禽粪污，不会产生臭味，但存在着较大的养分损失。

3.3.3 减量处理

本方式主要从源头上控制畜禽粪污的产生量，具有较高的社会效益和经济效益。首先，养殖场需对排水工程进行新建或改建，通过雨水分离方式的运用，有效分流污水与雨水，促使治污量得到减少。可将雨水天沟设置于屋面，将排水沟设置于养殖场周边，集中收集与排放雨水，避免向污水管道中流入。其次，贯彻饮污分离原则，对自动饮水器进行配置，促使畜禽饮用水浪费问题得到减少。将收集碗设置于自动饮水器的下方，向雨水沟、净水沟内引入剩余的饮水，这样圈舍冲栏次数、污染处理量能够得到减少。同时，将干清粪工艺运用过来，减少污水量。最后，为促使有机物排放量得到减少，需对现有饲料配方进行调整。一般情况下，按照2%的标准降低饲料中粗蛋白含量，这样可同步降低畜禽粪便中的氮含量。畜禽动物不同生长阶段内具有差异化的营养需求，因此，可将多阶段饲养法应用过来。通过划分畜禽生长过程中，依据各个阶段畜禽的实际营养需求合理配制日粮，避免浪费矿物质、氨基酸等，以便有效减少磷、氮排放量。

第 4 章

畜禽粪污厌氧处理技术

4.1 液体粪污厌氧处理技术

4.1.1 概述

畜禽养殖废水主要组成部分包括畜禽尿液、粪便、饲料残渣和大量的冲洗水等。清粪工艺不同，生成的废水污染物浓度也有所差异。畜禽养殖废水中含有大量的有机污染物、寄生虫卵和病原微生物，废水 COD_{Cr}、BOD_5 浓度高，氨氮浓度高，有机磷含量高，颜色深，臭味浓，并含有大量的细菌，导致整体污染负荷很高。没有经过处理的畜禽养殖废水如果直接排放，将会造成地表水、地下水水质、土壤质量等的持续恶化，从而造成严重的环境污染，直接危及附近居民的生活环境，也严重制约了畜禽养殖废水产业的发展。

厌氧处理技术是指在厌氧微生物的作用下，通过处理畜禽粪便中的氨基酸和多糖，并收集沼气的过程。畜禽粪便中含水量的大小对厌氧处理的结果会产生重大影响。在水含量少的情况下，会有大量的乳酸产生；在水含量多的情况下，会有较多的沼气生成。厌氧处理技术的突出特点是消耗能量少，不需要通气和翻堆，节省人工成本。虽然厌氧处理工艺简单，但是其可以有效去除80%左右溶解在水中的有机物。厌氧处理技术被大规模施行的另一个重要原因是有利于动物防疫，因为畜禽养殖废水中有很多致病菌是具有传染性的，厌氧处理技术可以杀死传染病菌，保护动物免受传染病的伤害。

污水发酵制沼是指将污水中含有的大量有机物质经微生物厌氧发酵转化成为沼气的过程，是一项低成本和回收能源的厌氧发酵技术。目前，沼气发酵是解决畜禽养殖场粪污处理和资源化利用的主要方式之一。

（1）沼气及其产生过程

沼气是一种可燃气体，是有机物质在一定的温度、湿度、酸碱度的影响下，由微生物在厌氧环境条件下发酵而产生的。因为这种气体最早存在于沼泽、湖泊、池塘中，所以人们称之为沼气。沼气含有多种气体，主要成分是甲烷（CH_4）。沼气细菌分解有机物质产生沼气的过程，称为沼气发酵。依据各种细菌在沼气发酵过程中的作用，沼气细菌可分为两大类。第一类细菌被称为分解菌，其作用是把复杂的有机物分解成简单的有机物和二氧化碳（CO_2）等。在这些细菌中，专门用于分解纤维素的被称为纤维分解菌；专门用于分解蛋白质的被称为蛋白分解菌；专门用于分解脂肪的被称为脂肪分解菌。另一种细菌被称为产甲烷菌，通常被称作甲烷菌，其作用是氧化或将简单的有机物和二氧化碳还原为甲烷。这样，有机物质转化为沼气就如同工厂生产一种产品的两项流程：第一个过程是分解细菌将粪便、麦秸、杂草等复杂有机物加工成半成品，即结构简单的化合物；第二个过程是在产甲烷菌的作用下，将简单的化合物加工成产物，即沼气。

（2）沼气的成分

沼气是一种混合气体，其主要成分为甲烷，其次是二氧化碳、硫化氢、氮和其他组分。甲烷、硫化氢、一氧化碳和重烃等构成沼气的可燃成分，而不可燃成分包括二氧化碳、氮和氨等气体。其中甲烷含量为55%～70%，二氧化碳含量为28%～44%，平均硫化氢含量为0.034%。

（3）沼气的理化性质

沼气是一种无色、有味、有毒、有臭味的气体，它的主要成分甲烷在常温下是一种无色、无味、无毒、无臭的气体。甲烷分子式是CH_4，是1个碳原子与4个氢原子所结合的简单烃类化合物。甲烷对空气的质量比是0.54，比空气约轻一半。甲烷是一种优质的气体燃料，在燃烧时呈蓝色火焰，燃烧的最高温度可达2000℃以上。每立方米沼气产生的热量约为23400kJ，相当于0.5kg柴油或0.8kg煤在充分燃烧后释放的热量。通过考虑热效率的因素分析，每立方米沼气所能利用的热量相当于燃烧3kg煤所产生的热量。污水发酵制沼处理法是通过管网将畜禽养殖污水送入沼气池，经厌氧发酵成为沼渣和沼液后，根据作物养分需求进行调配，再通过管网泵入农地，可直接用于果园、竹园、茶园和稻田等的灌溉施肥。产生的沼气则可用于生产或生活。

（4）沼气池的池型

沼气池的池型很多，有长方形、正方形、纺锤形、球形、椭球形、圆管形、圆筒形（亦称圆形）、坛子形、扁球形等，大致可以分为三类。

① 平面形组合沼气池。这种沼气池各部分均由平面组成。如正方形、长方形沼气池等。正方形沼气池如图4-1所示，在国外使用居多，国内地基较好的地区也常见使用，其主要优点是施工比较方便。长方形沼气池如图4-2所示。

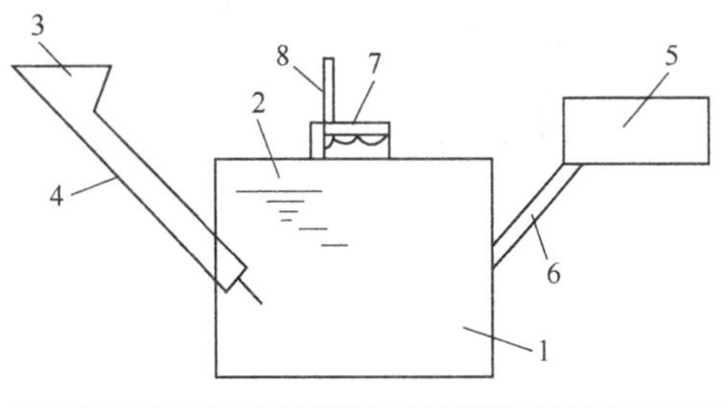

图4-1　正方形沼气池

1—发酵间；2—贮气间；3—进料斗；4—进料管；5—水压间；6—出料管；7—活动盖；8—导气管

② 球面形组合沼气池。这类沼气

池是由球面或不同曲面组成的，适合于地基软弱地区，如沿海、地下水位较高的淤泥流砂地基。图 4-3 是球形沼气池。上海市采用球形和管形沼气池较多。

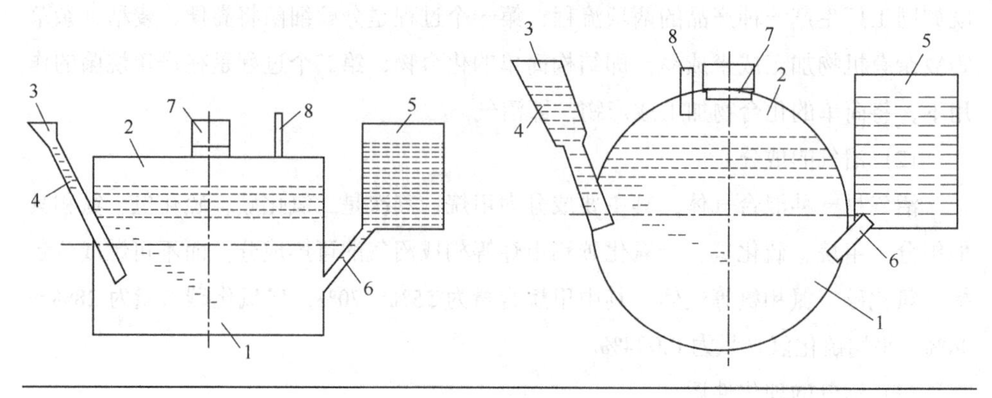

图 4-2　长方形沼气池

1—发酵间；2—贮气间；3—进料斗；4—进料管；5—水压间；6—出料管；7—活动盖；8—导气管

图 4-3　球形沼气池

1—发酵间；2—贮气间；3—进料斗；4—进料管；5—水压间；6—出料管；7—活动盖；8—导气管

③ 由平面和曲面组合成的沼气池。这种沼气池的池型由球面或其他曲面与圆筒或其他平面（如两端封头为直墙）组合而成。

椭球形沼气池，如图 4-4 所示。这种沼气池是由一个圆管和两只球冠壳封头组成，封头也可以采用平面形圆板，采用混凝土浇筑或砖、石砌块砌筑，其特点是可以深埋，适于高地下水位地区使用；适于商品化集中预制成形，现场安装，有利于提高现场施工速度；进出料口分别设在发酵池两端，发酵料液流线长，可控制新鲜料液直接冲入出料管。

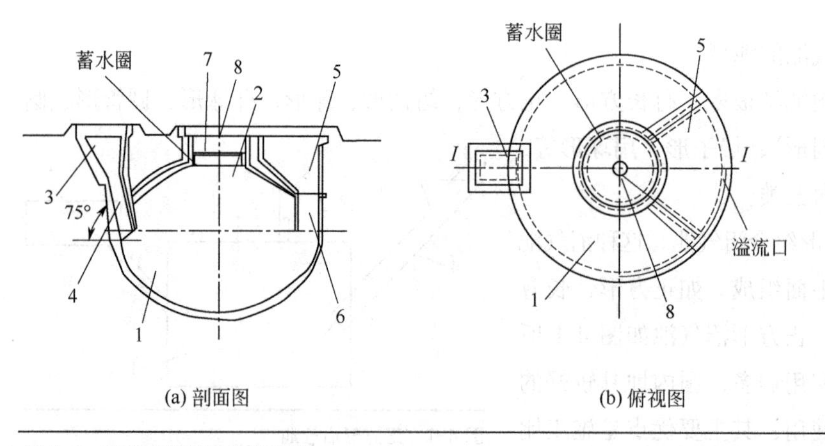

图 4-4　椭球形沼气池构造简图

1—发酵间；2—贮气间；3—进料间；4—进料管；5—出料间；6—出料管；7—活动盖；8—导气管

直墙拱顶沼气池，如图 4-5 所示。直墙拱顶沼气池类似于隧道式建筑，它由两边矮短的直墙、圆弧拱顶和拱底组构而成，两个端头一般采用直墙封头，沼气池的高度约高于圆管沼气池，适宜地基较为坚实地区建筑。由于拱顶会对直墙产生水平推力，因此要求直墙的刚度较大，地基土比较坚实，才能平衡水平推力，否则需在拱脚处设置一定数量的拉杆，这种沼气池适宜在山区和丘陵地区建造。拱顶可采用装饰材料砌筑，施工简单。

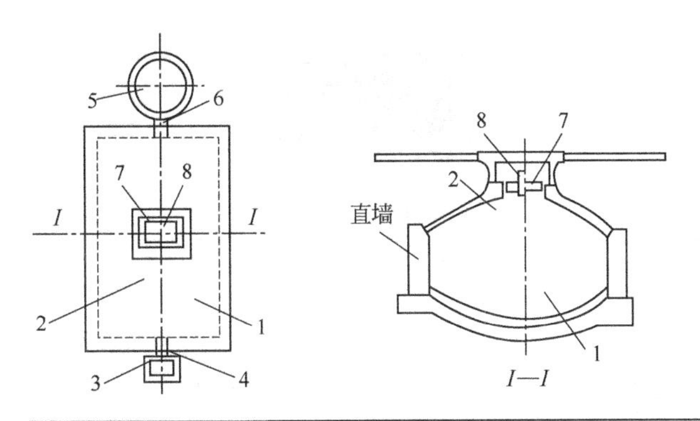

图 4-5　直墙拱顶沼气池构造简图

1—发酵间；2—贮气间；3—进料间；4—进料管；5—出料间；6—出料管；7—活动盖；8—导气管

立式圆筒形沼气池在农村家用沼气池中是建造量比较大的一种池型。前述水压式沼气池就是这种池型。这种沼气池的池盖和池底都是由球冠组成，池身为一个圆筒，结构简单明确。池体总体高度适中（一般 2m 左右），能适应各种地基和多种地质、水文、气象、环境条件。这种池型经优化后的体表比较接近球形沼气池，建筑材料耗用量少，适用材料的品种可选择范围较广，砖、石、混凝土、预制块都可以，可以采用混凝土现浇，也可以采用砖或石料砌筑，还可以用混凝土预制成预制件，在现场拼装，是一种比较受用户欢迎的池型。

4.1.2　厌氧工艺介绍

（1）UASB 工艺

UASB 工艺采用上流式厌氧污泥床反应器（up-flow anaerobic sludge blanket, UASB）。这项工艺是由荷兰瓦格宁根农业大学的 Lettiga 等在 1971—1978 年研制的，图 4-6 显示了 UASB 的工作原理。它的主要部分可以划分为两个分区，即反应区和气、液、固三相分离区（也称分离区）。该装置的主要部件为无填料的空容器，内部装有一定数量的厌氧污泥，其最大特点是在反应器上部安装了一个专用的三相分离系统（简称三相分离器）。三相分离器上段为沉淀区，下段为反应区。根据污泥的分布情况，在反应区内可以划分为污泥层（床）和悬浮层。

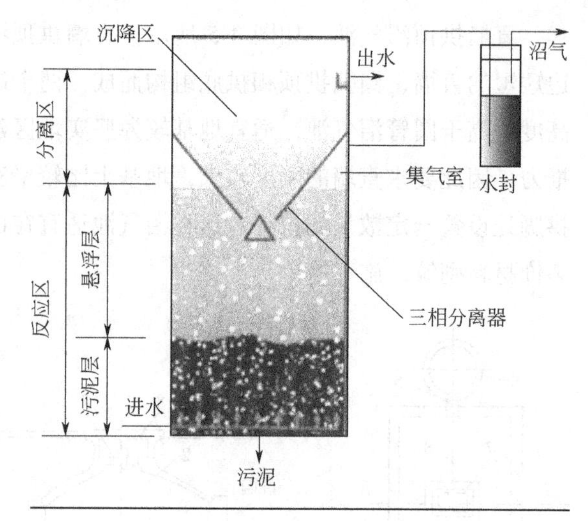

图 4-6　UASB 工艺工作原理

反应堆运行时，污水自下部以一定的速度自下进入反应器，往上流经污泥层（床）。因此，料液与污泥菌体的完全接触和生物降解产生沼气，并形成小的气泡。由于起泡作用使污泥托起，即使在较低负荷下也能看见污泥床有明显的膨胀。随着产生的气体量的增加，这种搅拌变得更加有效，从而降低了淤泥中夹带的气体释放的阻力，气体便从污泥床内突然逸出，使污泥床表面出现少量沸腾流化状态。在气体的搅拌下，沉淀性能较低的污泥颗粒或絮体在反应器上部形成悬浮污泥层。气、水、泥的混合液（消化液）上升到三相分离器内，气体碰到反射板折向气室而被有效地分离排出；污泥和水则进入上部静置的沉淀区，在重力作用下水与泥分离，清液从沉淀区上部排出，污泥被截留在沉淀区下部并通过斜壁返回到反应区内。因为三相分离器的作用，使混合液中的污泥具有沉淀分离和再絮凝的环境，改善了污泥的沉淀性能，在一定的水力负荷下，绝大部分污泥颗粒都能留在反应区内，从而使反应器具有足够的污泥量。

① UASB 反应器运行的三个重要的前提如下。

a．在反应器内形成具有良好沉降性能的颗粒污泥或絮状污泥。

b．产气与进水均匀分布形成良好的自然搅拌作用。

c．设计合理的三相分离器，使沉降性能良好的污泥能保留在反应器内。

② UASB 反应器的优点如下。

a．消耗能源少，能回收沼气能源。

b．处理费用便宜。

c．处理负荷高，占地少。

d．产泥量少，容易脱水。

e．对氮、磷营养物需求低。

f. 可对高浓度有机污水进行无稀释处理。

g. 能够间歇或季节性作业。

UASB 反应器的初始启动时间较其他厌氧反应器长。由于 UASB 正常运行后，可能会产生剩余的颗粒污泥，这些剩余的颗粒污泥可以在常温下长期保存而不损失其活性，因此，现有的 UASB 反应器可利用现有运行良好的 UASB 反应器进行剩余污泥接种，从而使生产性的 UASB 反应器的启动时间由十几周缩短至数天。据报道，目前国外所有的生产性 UASB 反应器都以颗粒污泥直接接种。

③ UASB 反应器中的污泥一般有三种不同的存在形式，即絮凝状污泥、无载体的颗粒污泥和以载体为核心而形成的颗粒污泥。絮凝状污泥是在反应器运行过程中从污泥床中洗脱出来的较轻的污泥；无载体颗粒污泥是由那些相对密度较大的固体颗粒通过自身絮凝作用而在反应器中逐渐形成的；有载体颗粒污泥是通过污泥颗粒与随废水进入反应器的表面粗糙的悬浮粒子或人工投加的无机类物质（如 Ca^{2+}、Mg^{2+}和 Ba^{2+}）间的接触、附着生长作用而形成的。HushofPol 等把颗粒污泥分为以下三种类型。

a. 球形颗粒污泥。这种污泥主要由杆状菌、丝状菌组成，因而也称之为“杆菌颗粒污泥”，颗粒粒径为 1～3mm。

b. 松散球形颗粒污泥。这种污泥主要由松散互卷的丝状菌组成，丝状菌附着在惰性粒子的表面，因而也称之为“丝菌颗粒污泥”，颗粒粒径在 1～5mm。

c. 紧密球状颗粒污泥。此种污泥主要由甲烷八叠球菌组成，其颗粒粒径较小，一般为 0.1～0.5mm。

研究表明，三种类型的颗粒污泥中，球形颗粒污泥大多出现在产酸阶段，松散球形颗粒污泥则主要出现在负荷较高的产酸和产甲烷阶段，而紧密球状颗粒污泥则出现在负荷较低的产甲烷阶段。由于球形颗粒污泥和松散球形颗粒污泥具有较大的颗粒尺寸，沉降性能要优于紧密球状颗粒污泥。虽然甲烷八叠球菌的产甲烷活性比较高，但由于其颗粒较小，使得反应器所能承受的负荷低于前面两种。有研究表明，在相同体积的反应器中，“丝菌颗粒污泥”的数量是甲烷八叠球菌污泥的 4～6 倍，且具有更强的黏附性，因而易于颗粒化。

UASB 反应器在宁波市较大规模的畜禽养殖场污水中温（近中温）发酵地面式处理工程中得到普遍应用。

（2）ABR 法

ABR 工艺采用厌氧折流板反应器（anaerobic baffled reactor，ABR）。ABR 是由美国斯坦福大学的麦卡蒂教授和他的同事于 20 世纪 80 年代在厌氧生物转盘反应器的基础上研制开发的一种新型高效厌氧反应器，具有良好的冲击负荷适应性。反应器内设置一系列垂直放置的折流挡板，将 ABR 分隔为若干串列隔室，每隔间可视为一个相对独立的上流式厌氧污泥床。废水通过折板和上下导流，与反应器内的活性污泥结合，使水中的有机物质逐渐地去除。污水流速、生物气气泡上升都会使污泥产生一定程度的上升。但由于污泥本身的沉降性和挡板的阻隔，污泥在水平方向的流动非常缓慢，反应器整体接近推流工艺。ABR 结构示意图见图 4-7。

① ABR 反应器的优点如下。

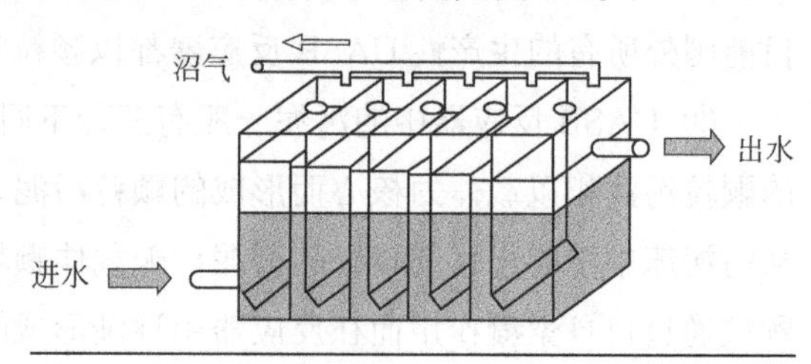

图 4-7　ABR 结构示意图

a．工艺简单，投资少，运行费用较低。

b．耐冲击负荷，适应性强。

c．固液分离效果好，出水水质好。

d．运行稳定，操作灵活。

e．对有毒物质适应性强。

f．有良好的生物固体截留能力。

g．有良好的生物分布。

② 鉴于大多数厌氧微生物尤其是产甲烷菌的生长速度缓慢，因此 ABR 反应器设计的主要目标是保证细菌细胞在反应器中具有足够长的停留时间，减少或避免细菌从反应器中流失。为提高 ABR 反应器的效率，研究人员对于 ABR 反应器的改进主要有以下几点。

a．增大上向流和下向流隔室的体积比，从而降低上向流隔室的流速。

b．在隔室中增加不同类型的填料，提高污泥停留时间，防止污泥流失。

c．让折流板的下部与水平面成 45° 角。

d．在最后一个隔室增加沉淀室，将污泥回流至第一隔室等。

所有这些改进措施的目的是提高污泥在反应器中的停留时间，减少污泥流失，确保细菌细胞与污染物充分接触，从而提高反应器的处理效能。

4.1.3 影响因素

（1）影响 UASB 的主要因素

① 温度。一般而言，微生物的代谢活性和生长繁殖速率随着温度的升高而增

大。虽然高温厌氧生物处理在处理效率上要高于中温，但高温厌氧生物处理需要大量的热量来维持其温度，增加了运行成本，因此相比之下中温厌氧生物处理更为多见。在王晓辉等的试验中，在20℃、25℃、30℃、35℃、40℃条件下，UASB对废水COD去除率分别达到59.62%、71.37%、81.87%、83.42%和75.07%。在35℃以下时，COD去除率随着温度的升高而增大；在35℃以上时，COD去除率随着温度的升高而减小。

② pH值。不同微生物菌群都有适宜的pH值范围。在厌氧废水生物处理中所涉及的3大类微生物菌群中，产甲烷菌对环境敏感程度最高，6.8～7.2为其最佳pH值适宜范围。pH值对UASB去除效果的影响复杂。在反应系统中存在水解酸化菌、产氢产乙酸菌和产甲烷菌，在产甲烷菌的数量和活性受到抑制的情况下，反应体系的pH值会随着挥发性脂肪酸（VFA）的积累而下降。在pH值较低的情况下，产甲烷菌的活性较低，而另一些菌群只将复杂有机物转化为简单有机物，COD不能真正去除，直观地表现为COD去除率较低；在pH值较高的情况下，系统内微生物菌群活性都受到抑制，这种抑制不仅体现在pH值超出微生物本身适宜的范围，还表现在较高的pH值会导致进水游离氨质量浓度较高，从而抑制微生物活性。

③ 容积负荷。容积负荷是影响厌氧生物处理效果的一个主要因素。在反应器体积一定时，容积负荷与进水有机物质量浓度、进水流量成正比关系，与水力停留时间成反比。随着容积负荷的增加，进入反应器内的有机物数量增加，为微生物提供更多的底物，有利于微生物的生长繁殖。与此同时，大容量负荷意味着增加了水力负荷，而高水力负荷可以形成高的水力剪切力，有利于形成光滑紧密的颗粒污泥，从而提高污泥的沉降性能和抗冲击负荷能力。而过高的容积负荷会导致水力停留时间过短，部分有机物尚未完全接触微生物就被排出反应体系，从而使得出水水质变差，直接表现为COD去除率的下降。

④ 回流率。如果延长时间，UASB易发生短流、死角和堵塞等现象，影响有机物的去除。若要消除上述现象对反应器效能的不利影响，内循环是较为有效的方法。在厌氧段增设出水回流，提高了上流速度，增加了污泥床和上面污泥悬浮区的膨胀强度，增加了污染物与污泥颗粒的接触面积，提高了传质速率、反应器的处理效率以及水质波动对反应器的冲击影响，为反应器的高效运行创造了条件。与此同时，出水回流可以降低进水有机物的浓度，减小微生物表面和液相主体的浓度差，从而降低传质速率。当前者的影响大于后者时，则可提高UASB的工作效率。回流率约为40%时可以明显降低进水有机物浓度，降低底物传质速率，从而影响有机物的去除效果。

（2）影响ABR的主要因素

① 温度。细菌生长繁殖需要适宜的温度条件，通常对于厌氧反应器，最佳温度范围是25～35℃，如果温度低于最佳范围，污染物的去除效率则会下降。ABR反应器对温度有较宽的适应范围，在15～37℃的范围内运行时，温度对COD的去除效果影响不大，甚至在10℃的低温条件下，COD去除率可超过80%。温度对氮、磷的去除影响大于COD，温度降低到10℃时，氮和磷的去除率会显著降低。

② pH值。pH值是影响ABR反应器运行的重要控制因素，pH值决定了厌氧生物反应系统能否正常运行。ABR的pH值取决于进水碱度和厌氧生物反应所产生的VFA浓度，如果产生的酸浓度超过可利用的碱度，反应器就会酸化，pH值降低。过多的酸化会抑制微生物的活性，如果停止产甲烷，VFA可能会继续累积，进一步恶化反应器的环境条件。pH值低于6.5时，对ABR反应器的厌氧过程有抑制作用，需要在进水中加入碱性物质调节pH值。

③ 进水有机物浓度。进水有机物浓度不会直接影响ABR的性能，但可能会影响污染物的去除率。当处理低浓度畜禽养殖废水时，应选用较低的HRT和较高的进水有机负荷，以确保微生物得到足够的营养。ABR进水COD浓度最好大于400mg/L。当处理高浓度畜禽养殖废水时，建议使用较低的进水有机负荷以确保有机物被生物完全降解，防止因沼气产量提高而导致污泥漂浮。

④ 水力停留时间。水力停留时间是ABR反应器的重要控制因素。HRT越大，ABR反应器对污染物的去除效果越好，ABR反应器的最佳HRT为48 h。HRT决定了ABR反应器中上向流室的上向流速度，为保持良好的处理效能，上向流速度应小于2m/L，最佳为0.1～0.5m/h。

⑤ 反应器启动的影响。ABR反应器的成功启动是其有效处理污水的先决条件，由于厌氧微生物特别是产甲烷菌的生长速度缓慢，因此，ABR的启动需要一定的时间。为成功启动ABR反应器，建议启动时进水负荷要低，因为在较低的进水负荷下，产气量较低，废水上向流流速慢，有利于微生物繁殖。同时接种适量污泥，然后逐渐提高进水负荷直到出水COD达到稳定值以及恒定的沼气产量。ABR反应器的启动有两种方式，一种是HRT恒定不变，逐步增加进水有机物浓度，一种是进水有机物浓度不变，逐渐增加HRT，后一种启动方式显示出更好的反应器性能和运行稳定性。

⑥ 污泥颗粒化。颗粒状污泥可以增强污泥的沉降性、增大反应器中的生物量和去除污染物的效率。污泥颗粒化直接影响ABR反应器的启动，启动时，可以采用不同的方式来加速颗粒污泥的形成，促进颗粒化，从而提高ABR反应器的处理效率：通过控制进水负荷、碱度等条件，可以在ABR反应器中培养颗粒污泥，提高

反应器的去除效率和运行稳定性；在颗粒污泥培养过程中加入无机惰性物质，可以对颗粒污泥的形成起到积极作用；在启动初期，保证较高的进水碱度（$CaCO_3$，1000mg/L）有利于培养出颗粒污泥，颗粒污泥出现以后，再适当降低进水碱度（$CaCO_3$，500mg/L）。

4.1.4 厌氧处理管理技术要点

（1）沼气发酵的异常现象

沼气发酵是一个系统较为复杂的生物化学过程，必须在一定温度、浓度及酸碱度的厌氧环境下进行。通过观察水压间料液的变化，可以判断沼气池发酵、产气是否正常，十分准确。

料液呈浅绿色或灰色，表面泡沫较少，这种情况属于发酵原料不足，缺少菌种，发酵料液浓度偏低，往往导致沼气池不产气或产气少。多见于新池刚投料的沼气池。应在多投发酵原料的同时，及时加入菌种，使沼气池运行正常。

料液表面生白膜，这说明沼气池已经酸化，发酵偏酸。主要原因是冬春季节温度偏低，新池投料少，没有加入足够量的菌种（约占总投料量的30%）或未加入菌种所致。处理方法是：利用pH试纸测试料液偏酸程度，pH值介于6～7，可加入一定量的石灰水予以中和，并同时加入一定量的菌种即可；如pH＜6，则建议清池重新投料。

料液呈酱油色或黑色，液面泡沫厚积，这说明沼气池发酵、产气都很正常，料液发酵完全。只要保持每天小进小出，均衡出料，科学管理，沼气池就可以保持最佳运转状态。

（2）沼气池的日常管理

在常温发酵条件下，每日补充新鲜原料，补充量占沼气池有效容积的3%～7%时，沼气池处理污水的效率是最高的。如需人工出料，应采用先出料，再进料，出料量不能过多，要保证池内料液高于进出料管口之上。

要经常监测料液的pH值，一般采用广泛pH试纸进行检测，正常pH值在6.8～7.4，如果由于配料不当，或投入过量的作物秸秆、畜禽粪便，会导致发酵料液产酸过高，pH值下降，如果pH值低于6，则需采取调整措施，可通过投加大量菌种进行调节，或者加入适量的草木灰、澄清的石灰水，将pH值调整到6.8。

沼气池内料液要经常进行搅拌，搅拌可使新鲜原料与发酵微生物充分接触，避免沼气池产生短路和死角，提高原料利用率和产气率。

经常进行输气管道的检查，观察压力表气压是否正常，如出现漏气或管道堵塞，及时处理。

(3) 沼气池的安全使用及管理

① 不得投放各种剧毒杀虫剂，尤其是有机杀菌剂、抗生素、刚喷过农药的作物茎叶、刚消过毒的畜禽粪便、各种可作土壤杀虫剂的植物，如大蒜、桃树叶、皮皂子嫩果、马钱子果等；重金属化合物、盐类，如电镀污水等不能进入沼气池，以防沼气细菌中毒而停止产气。如果出现此情况，应将池中的发酵液清空，再重新装上新料。

② 在沼气池中禁止添加诸如油枯、骨粉、磷矿粉等含磷物质，以防产生剧毒的 PH_3 气体，对人体造成危害。

③ 当加入的青杂草过多时，应同时加入一些草木灰或石灰水及接种物，防止产酸过度使 pH 值降到 6.5 以下，发生酸中毒，导致甲烷含量降低甚至停止气。

④ 防止由于人为添加石灰等碱性物质过多，料液 pH 值超过 8.5，发生碱中毒。碱中毒现象和酸中毒一样。

⑤ 防止由于添加氮含量高的畜禽粪便，造成发酵液浓度过高、接种物少、氨氮浓度高等因素导致氨中毒的现象。氨中毒现象与碱中毒一样。

(4) 安全管理

① 盖好沼气池的出口，以防人、畜掉入池内造成伤亡。

② 经常检查输气系统，防止气体泄漏引起火灾。

③ 要教育儿童不要在沼气池旁及输气管道上玩火，不要随意扭动开关。

④ 加料或污水大量入池，应打开开关，缓慢加入；一次出料多，待压力表水柱降至零时，再打开开关，以免出现负压过大而损坏沼气池的情况。

⑤ 经常观察压力表上压力值的变化。在产气旺盛、池内压力过大的情况下，要及时放气，防止气箱胀坏，冲出池盖，压力表充水。若池盖被冲开，应立即熄灭沼气池附近的明火，以免造成火灾。

⑥ 注意防寒、防冻。

(5) 安全用气

① 沼气灯、灶具、输气管道不要靠近柴草等易燃物品，以防起火。如遇火警，不要惊慌，应立即关闭开关或将输气管从导气管上拔出。在切断气源后，要立即扑灭火源。

② 判断新装的沼气池是否产生了沼气，只能通过管道引至灶具上试火，禁止在导气管口和出料口点火，以免造成回火发生爆炸。

③ 如在室内闻到有腐臭蛋气味，应迅速打开门窗或电扇，将沼气排出室外。此

时不要使用明火，以免失火。

④ 使用沼气时，应先点燃引火，再开开关，以防沼气瞬间放出过多，烧到身体或引起火灾。

(6) 安全出料和维修

① 下池出料、维修都必须做好安全防护措施。开启活动顶盖数小时，先除去浮渣及部分料液，使进料口、出料口、活动盖三口均通风，排除池中的残余沼气。下池时，为了防止意外，要求池外有人照顾，并系好安全带，发生情况及时处理。如在池内工作时感到头晕目眩、发闷，应立即到池外休息。当进入停用多年的沼气池出料时更要特别注意，因为在池内粪壳和沉渣下面还有一部分沼气。如麻痹大意，轻率下池，不按安全操作办事，就容易发生事故。沼气池自动出肥装置应该大力推广，能做到人不入池，既方便又安全。

② 打开活动顶盖时，不要在沼气池周围点烟。进池出料、维修，只能使用手电或电灯照明，不能使用油灯、蜡烛等照明，不得在池内吸烟。

(7) 发生事故时的抢救方法

① 池内发生人员晕倒，而又不能迅速救起时，应立即采用人工送风的方法，输入新鲜空气，切不可盲目入池抢救，以免造成连续发生窒息中毒事故。

② 将窒息者抬到地面避风处，解开上衣和裤带，注意保暖。轻毒者很快就会苏醒，重者应就近送医院抢救。

③ 灭火。如遇沼气灼伤，应迅速脱去着火的衣物，或卧地慢慢打滚，或跳入水中，或由其他人采用各种方法扑灭。不要用手去扑打，更不要慌张乱跑助长火势，如在池中有火要从上往下泼水灭火，要尽快把人救出池外。

④ 保护创伤表面。在救火之后，首先把烧坏的衣服剪开，用清水洗去身体上的污物，并用衣物包裹伤口或全身，寒冷季节要注意保暖，然后送医院急救。

4.2 固体粪污厌氧处理技术

4.2.1 概述

厌氧消化或称厌氧发酵是自然界中普遍存在的一种微生物过程。在有有机物质和一定水分的地方，只要供氧条件差，有机物含量高，就会发生厌氧消化。有机物通过厌氧分解产生诸如 CH_4、CO_2 和 H_2S 等气体。所以，厌氧消化工艺是利用厌氧微生物将固体粪污中的有机物转化为 CH_4 和 CO_2 的过程。因为厌氧消化能够产生以 CH_4 为主要成分的沼气，所以又称甲烷发酵。厌氧消化能将粪污中的 30%～50%的有机物去除并使之稳定下来。

厌氧消化技术的特点是：过程可控制，降解快，生产过程完全封闭；资源化效果好，将潜在于有机物中的低品位生物能转化为可直接利用的优质沼气；操作简便，与好氧处理相比，厌氧消化处理无须通风动力，设备简单，运行成本低；产品可重复利用，厌氧消化后的废物基本稳定，并可作为农肥、饲料或堆肥原料；杀灭传染性病原菌，有利于防疫工作；在厌氧条件下会产生臭气，如 H_2S；厌氧菌生长速率低，常规方法处理效率低，设备体积大。

参与厌氧分解的微生物可以分为两类。一类是由一个十分复杂的混合发酵细菌群将复杂的有机物水解，并进一步分解为以有机酸为主的简单产物，通常称之为水解菌。在中温沼气发酵中，水解菌主要属于厌氧细菌，包括梭菌属、拟杆菌属、真细菌属、双歧杆菌属等。在高温厌氧发酵中，有梭菌属、无芽孢的革兰氏阴性杆菌、链球菌和肠道菌等兼性厌氧细菌。另一类微生物为绝对厌氧细菌，其功能是将有机酸转变为甲烷，被称为产甲烷细菌。产甲烷细菌的繁殖比较缓慢，对外界条件的改变如温度、抑制剂等都比较敏感。在厌氧消化过程中，产甲烷菌的产甲烷过程是一个重要环节，产甲烷菌除产生甲烷外，还可以分解脂肪酸、调节 pH 值。与此同时，氧气转化成甲烷能降低氢的分压，从而有利于产酸细菌的活动。

有机废物厌氧发酵的工艺原理如图 4-8 所示。

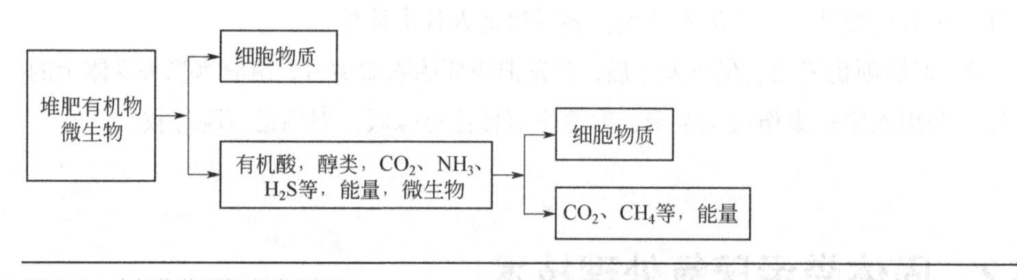

图 4-8　有机物的厌氧发酵分解

（1）三段理论

厌氧发酵是微生物在无氧条件下将有机物分解为甲烷、二氧化碳等，从而合成自身细胞物质的过程。但由于厌氧发酵原料来源复杂，参与反应的微生物种类繁多，使得厌氧发酵过程十分复杂。在厌氧发酵过程中，有关物质的代谢、转化及各种菌群的作用已有较多的研究，但仍有许多问题需要进一步探讨。当前，厌氧发酵的生化过程主要有两段理论、三段理论和四段理论。本书主要介绍两段理论和三段理论。

厌氧发酵大致可分为三个阶段，即水解阶段、产酸阶段和产甲烷阶段，每个阶段都有自己独特的微生物群起作用。在水解阶段起作用的细菌为发酵细菌，包括纤维素分解菌、蛋白质水解菌。而醋酸分解菌是产酸阶段中起作用的细菌。这些阶段中起作用的细菌统称不产甲烷细菌。在产甲烷阶段起作用的细菌为产甲烷细菌。

有机物分解三阶段过程如图 4-9 所示。

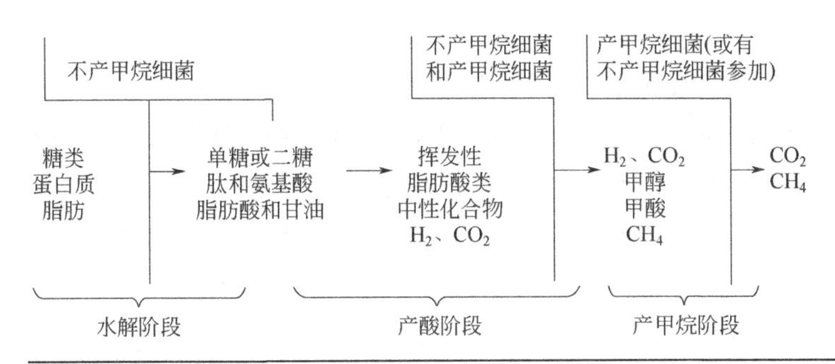

图 4-9 有机物的厌氧发酵过程（三段理论）

① 水解阶段。发酵细菌利用胞外酶对有机物进行离体酶解，使固体物质转变为水溶性物质，然后再吸收可溶于水的物质，并将它们分解成不同的产物。高分子有机物质的水解率较低，主要与物料性质、微生物浓度、温度和 pH 值等因素有关。将纤维素、淀粉等水解为单糖类，将蛋白质水解为氨基酸，再经脱氨基作用而生成有机酸和氨。脂肪水解后生成甘油和脂肪酸。

② 产酸阶段。在水解阶段产生的简单的可溶性有机物，通过产氢和产酸细菌的作用，进一步分解为挥发性脂肪酸（如丙酸、乙酸、丁酸、长链脂肪酸）、醇、酮、醛、CO_2 和 H_2 等。

③ 产甲烷阶段。产甲烷菌会将第二阶段的产物进一步降解为 CH_4 和 CO_2，同时利用产酸阶段产生的氢气将一部分 CO_2 转化为 CH_4。产甲烷阶段的生化反应相当复杂，其中 72%的 CH_4 来自乙酸，已证实的主要反应见图 4-10。

$$CH_3COOH \longrightarrow CH_4\uparrow + CO_2\uparrow$$

$$4H_2 + CO_2 \longrightarrow CH_4 + 2H_2O$$

$$4HCOOH \longrightarrow CH_4\uparrow + 3CO_2\uparrow + 2H_2O$$

$$4CH_3OH \longrightarrow 3CH_4\uparrow + CO_2\uparrow + 2H_2O$$

$$4(CH_3)_3N + 6H_2O \longrightarrow 9CH_4\uparrow + 3CO_2\uparrow + 4NH_3\uparrow$$

$$4CO + 2H_2O \longrightarrow CH_4 + 3CO_2$$

图 4-10 产甲烷阶段的生化反应

从图 4-10 中可见，除乙酸外，CO_2和 H_2 的反应可生成一部分 CH_4，另有少量 CH_4 从其他物质转化得来。产甲烷细菌的活性大小取决于水解和产酸阶段提供的养分。对主要成分为可溶性有机物的有机废水而言，产甲烷阶段是整个厌氧消化过程的控制步骤，因为产甲烷细菌生长速度较慢，对环境和底物要求较高。而对于以不溶性高分子有机物为主的污泥、垃圾等废物，水解阶段是整个厌氧消化过程的控制步骤。

（2）两段理论

厌氧发酵的两段理论也比较简单明了，为人们普遍接受。

两段理论将厌氧消化过程分为两个阶段，即酸性发酵阶段和碱性发酵阶段（图 4-11）。降解初期，产酸菌起主导作用，将有机物分解为有机酸、醇、二氧化碳、氨、硫化氢等。由于有机酸大量积聚，pH 值下降，因此称之为酸性发酵阶段。降解后期，产甲烷细菌占主要地位，酸性发酵阶段产生的有机酸、醇等被产甲烷细菌进一步分解生成 CH_4、CO_2 等。因为有机酸的分解和氨水的中和作用，使 pH 值迅速升高，发酵进入第二阶段，即碱性发酵阶段。在碱性发酵的后期，可降解有机物大多已被分解，消化过程也趋于完整。厌氧消化利用厌氧微生物的活动，可以产生生物气体，生产可再生能源，并且不需要氧气的供应，动力消耗低；但缺点是发酵效率低，消化率低，稳定化时间长。

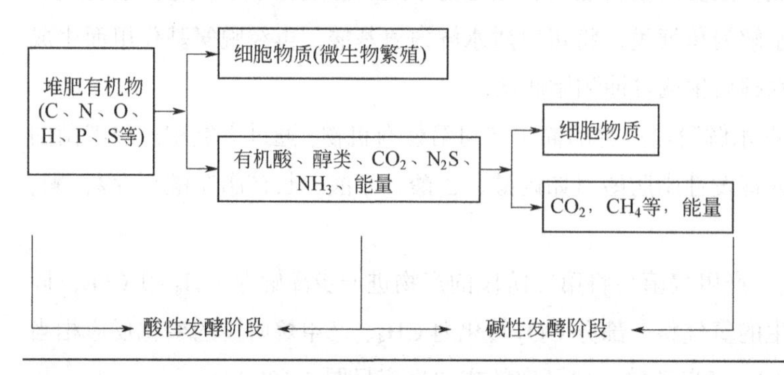

图 4-11　有机物厌氧发酵的两段理论

4.2.2 厌氧工艺介绍

一个完整的厌氧消化系统包括预处理、厌氧消化反应器、消化气净化与贮存、消化液与污泥的分离、处理和利用。厌氧消化工艺类型较多，按消化温度、消化方式、消化级差的不同划分成几种类型。通常是按消化温度划分厌氧消化工艺类型。

(1) 根据消化温度划分的工艺类型

根据消化温度，厌氧消化工艺可分为高温消化工艺和自然消化工艺两种。

① 高温消化工艺。高温消化工艺的最佳温度范围是 47～55℃，此时有机物分解旺盛，消化快，物料在厌氧池内停留时间短，非常适用于城市垃圾、粪便和有机污泥的处理。其程序如下。

a. 高温消化菌的培养。高温消化菌种的来源一般是将污水池或下水道有气泡产生的中性偏碱的污泥加到备好的培养基上，进行逐级扩大培养，直到消化稳定后即可为接种用的菌种。

b. 高温的维持。通常是在消化池内布设盘管，通入蒸汽加热料浆。我国有城市利用余热和废热作为高温消化的热源，是一种技术上十分经济的方法。

c. 原料投入与排出。在高温消化过程中，原料的消化速率快，要求连续投入新料与排出消化液。

d. 消化物料的搅拌。高温厌氧消化过程要求对物料进行搅拌，以迅速消除邻近蒸汽管道区域的高温状态和保持全池温度的均一。

② 自然消化工艺。自然温度厌氧消化是指在自然温度影响下消化温度发生变化的厌氧消化。目前我国农村基本上都采用这种消化类型，其工艺流程如图 4-12 所示。

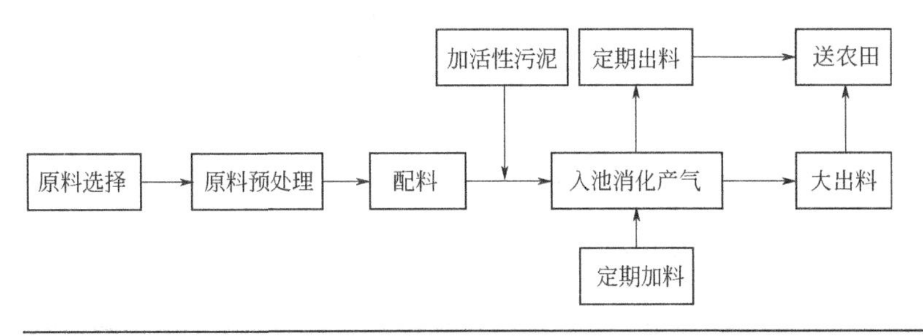

图 4-12 自然温度半批量投料沼气消化工艺流程图

这种工艺的消化池结构简单，成本低廉，施工容易，便于推广。但该工艺的消化温度不受人为控制，基本上是随气温变化而不断变化，通常夏季产气率较高，冬季产气率较低，故其消化周期需视季节和地区的不同加以控制。

(2) 根据投料运转方式划分的工艺类型

根据投料运转方式，厌氧消化可分为连续消化、半连续消化、两步消化等。

① 连续消化工艺。本工艺是从投料启动后，经过一段时间的消化产气，随时定量地添加消化原料和排出旧料，其消化时间可以长时间连续进行。该工艺操作简便，

有机物消化速度和产气速率稳定，但该工艺要求较低的原料固形物浓度。其工艺流程见图 4-13。

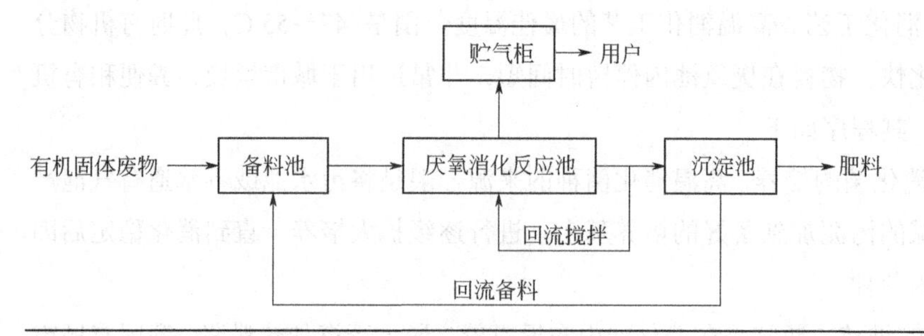

图 4-13　固体废物连续消化工艺流程图

② 半连续消化工艺。半连续消化的工艺特点是：启动时投料较多，当产气量下降时，便开始定期或不定期加新料和排旧料，以保持相对稳定的产气率。因我国广大农村的原料特点和农村肥力集中等原因，该工艺在农村沼气池中的应用已较为成熟。半连续消化法是固体有机原料沼气消化最常用的消化工艺。

图 4-14 所示为半连续沼气消化工艺处理有机原料的工艺流程。

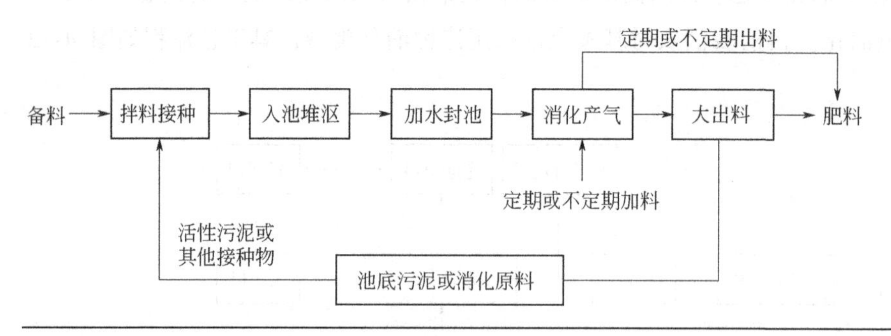

图 4-14　固体废物半连续消化工艺流程图

③ 两步消化工艺。两步消化工艺是根据沼气消化过程分为产酸和产甲烷两个阶段的原理开发的。两步消化工艺特点是将沼气消化全过程分成两个阶段，在两个反应器中进行。第一个反应器的功能是：水解和液化固体有机物作为有机酸，缓冲和稀释负载冲击与有害物质，并截留难以降解的固体物质。第二个反应器的作用是：维持严格的厌氧条件和 pH 值，以促进产甲烷细菌的生长；消化、降解来自前段反应器的产物，将其转化为高沼气的消化气，并截留悬浮固体，改善排放性能。结果表明，两步消化工艺显著提高了产气速率，同时气体中的甲烷含量增加。同时实现了渣和液的分离，使得在固体有机物的处理中，引入高效厌氧处理器成为可能。

4.2.3 厌氧消化装置

厌氧消化池亦称厌氧消化器。消化罐是整套装置的核心部分，附属设备有气压表、导气管、出料机、预处理设备（粉碎、升温、预处理池等）、搅拌器等。附属设备可以进行原料的处理，产气的控制、监测，以提高沼气的质量。

厌氧消化池的种类很多，按消化间的结构形式，有圆形池、长方形池；按贮气方式有气袋式、水压式和浮罩式。

（1）水压式沼气池

水压式沼气池产气时，沼气将消化料液压向水压箱，使水压箱内液面升高；用气时，料液压沼气供气。产气、用气循环工作，依靠水压箱内料液的自动提升使气室内的水压自动调节。水压式沼气池的结构与工作原理如图 4-15 所示。水压式沼气池结构简单、造价低、施工方便；但由于温度不稳定，产气量不稳定，因此原料的利用率低。

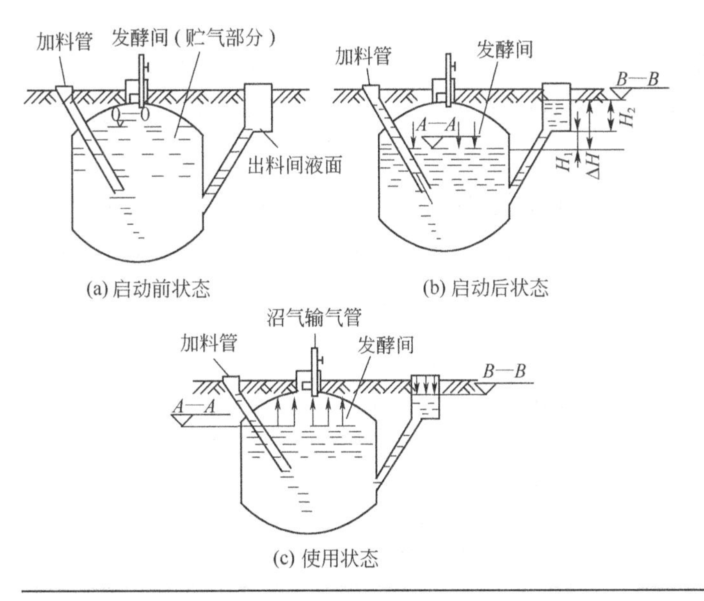

图 4-15　水压式沼气池示意图

（2）长方形（或方形）甲烷消化池

这种消化池的结构由消化室、气体储藏室、贮水库、进料口和出料口、搅拌器、导气喇叭口等部分组成。长方形（或方形）甲烷消化池结构如图 4-16 所示。

其主要特点是：气体储藏室与消化室相通，位于消化室的上方，设贮水库来调节气体储藏室的压力。若室内气压很高时，就可将消化室内经消化的废液通过进料间的通水穴压入贮水库内。相反，若气体储藏室内压力不足时，贮水库内的水由于自重便流入消化室，这样通过水量调节气体储藏室的空间，使气压相对稳定。搅拌器的搅拌可加速消化。产生的气体通过导气喇叭口输送到外面导气管。

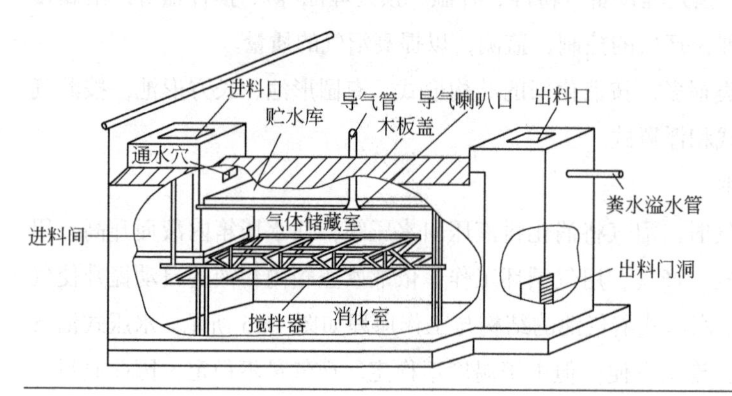

图 4-16　长方形消化池示意图

（3）红泥塑料沼气池

红泥塑料沼气池是把红泥塑料（红泥-聚氯乙烯复合材料）用作池盖或池体材料，该工艺多采用批量进料方式。红泥塑料沼气池有半塑式、两模全塑式、袋式全塑式和干湿交替式等。

① 半塑式沼气池。半塑式沼气池由水泥料池和红泥塑料气罩两大部分组成，如图 4-17 所示。料池上沿部设有水封池，用来密封气罩与料池的结合处。这种消化池适于高浓度料液或干发酵，成批量进料。可以不设进出料间。

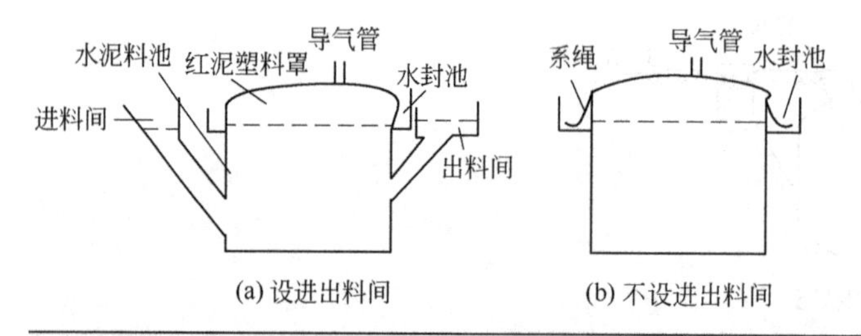

(a) 设进出料间　　(b) 不设进出料间

图 4-17　半塑式沼气池示意图

② 两模全塑式沼气池。两模全塑式沼气池的池体与池盖由两块红泥塑料膜组成。它仅需挖一个浅土坑，压平整成形后即可安装。安装时，先铺上池底膜，然后装料，再将池盖膜覆上，把池盖膜的边沿和池底膜的边沿对齐，以便黏合紧密。待合拢后向上翻折数卷，卷紧后用砖或泥把卷紧处压在池边沿上，其加料液面应高于

两块膜黏合处，这样可以防止漏气，如图 4-18 所示。

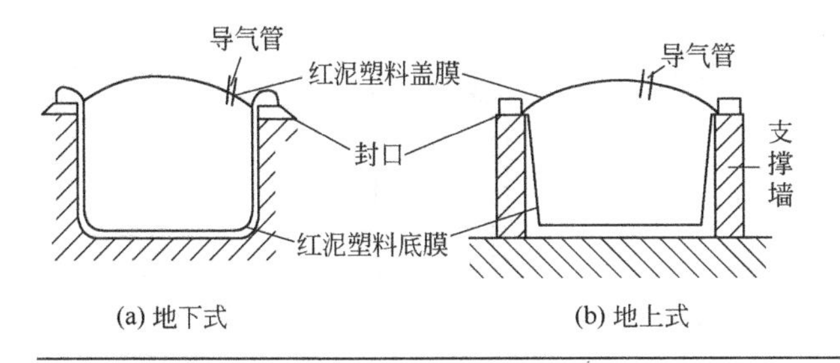

图 4-18 两模全塑式全塑沼气池示意图

③ 袋式全塑沼气池。袋式全塑沼气池的整个池体由红泥塑料膜热合加工制成，设进料口和出料口，安装时需建槽，主要用于处理牲畜粪便的沼气发酵，是半连续进料，如图 4-19 所示。

④ 干湿交替消化沼气池。干湿交替消化沼气池设有两个消化室，上消化室用来进行批量投料、干消化，所产沼气由红泥塑料罩收集，如图 4-20 所示。下消化室用来半连续进料、湿消化，所产沼气贮存在消化室的气室内。下消化室中的气室是处在上消化室料液的覆盖下，密封性好。上、下消化室之间有连通管连通，在产气和用气过程中，两个消化室的料液可随着压力的变化而上、下流动。下消化室产气时，一部分料液通过连通管压入上消化室浸泡干消化原料。用气时，进入上室的浸泡液又流入下消化室。

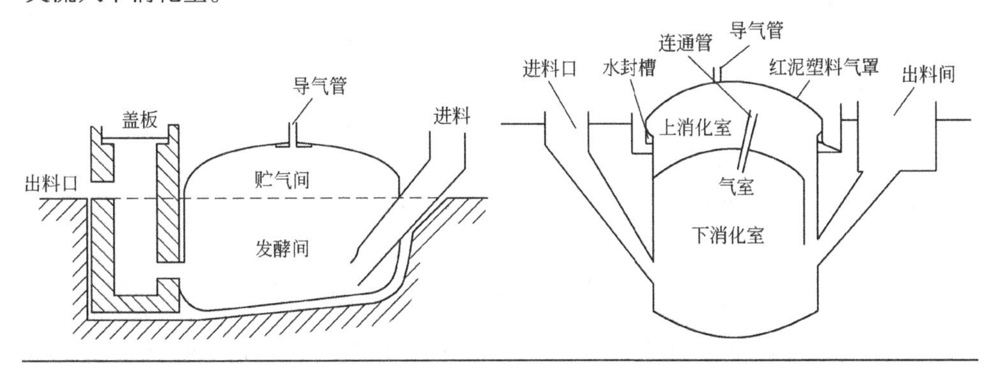

图 4-19 袋式全塑沼气池示意图

图 4-20 干湿交替消化沼气池示意图

为了能用消化技术处理大量污泥和有机废物，满足城市污水处理厂以及城市垃圾的处理与处置要求，提高沼气的产量与质量，扩大沼气的利用途径和效率，缩短消化周期，实现沼气消化系统化、自动化管理，近年来，国内外逐步开发了现代化大型工业化消化设备，目前常用的集中消化罐有欧美型、经典型、蛋型以及欧洲平底型，见图 4-21。这些消化罐用钢筋混凝土浇筑，并配备循环装置，使反应物处于不断的循环状态。

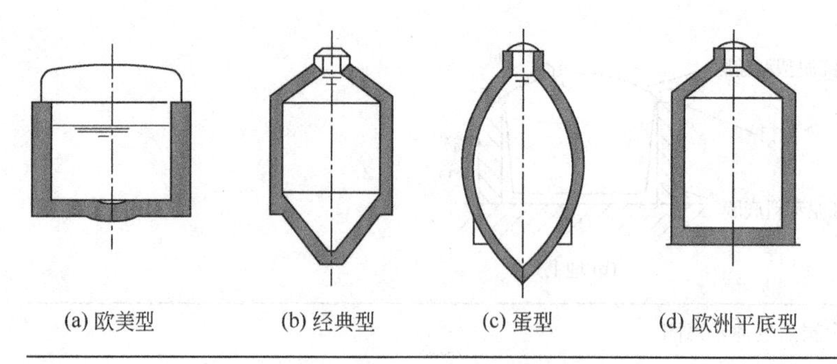

图 4-21　现代化大型工业化清化设备示意图

为了实现循环，一般消化罐的外部设动力泵。循环用的混合器是一种专门制作的一级或二级螺旋转轮，既可起到混合作用，又可借以形成物料的环流。在污泥的厌氧消化中，利用产生的沼气在气体压缩泵的作用下进入消化罐底部并形成气泡，气池在上升的过程中带动消化液向上运动，完成循环和搅拌。

4.2.4　影响因素

（1）厌氧条件

厌氧消化最显著的特点是，在无氧条件下，有机物质被某些微生物分解，最终转化为 CH_4 和 CO_2。产酸阶段的微生物以厌氧菌为主，需在厌氧条件下将复杂有机物分解为简单有机酸等。产气阶段微生物大多数是专性厌氧菌，氧对产甲烷细菌具有毒害作用，因此需要严格的厌氧环境。可通过氧化还原电位（E_h）来判断厌氧程度。在正常的厌氧消化过程中，E_h 应该保持在−300mV 左右。

（2）原料配比

碳氮比在（20～30）∶1 为适宜的厌氧消化原料。碳氮比过低，细菌繁殖能力下降，氮得不到充分利用，多余氮转化为游离 NH_3，抑制产甲烷细菌的活动，厌氧消化不易进行。但是，高碳氮比会降低反应速率，使产气量显著下降。含磷量（以磷酸盐计）通常是有机物量的 1/1000。

（3）温度

温度是影响产气量的重要因素，厌氧消化可在较为广泛的温度范围内进行（40～65℃）。温度过低，厌氧消化的速率低、产气量低，不易达到卫生要求上杀灭病原菌的目的；温度过高，微生物处于休眠状态，不利于消化。研究发现，厌氧微生物的代谢速率在35～38℃和50～65℃时各有一个高峰。因此，一般厌氧消化常把温度控制在这两个范围内，以获得尽可能高的消化效率和降解速率。

（4）pH值

产甲烷微生物细胞内的细胞质pH值一般呈中性。但对于产甲烷细菌而言，要保持弱碱性环境是十分必要的，当pH值低于6.2时，它就会失去活性。因此，在产酸菌和产甲烷细菌共存的厌氧消化过程中，系统的pH值应控制在6.5～7.5，最佳pH值范围是7.0～7.2。为提高系统对pH值的缓冲能力，需要保持一定的碱度，可以采用投加石灰或含氮物料的方法来调节。

（5）添加物和抑制物

发酵液中加入少量硫酸锌、磷矿粉、炼钢渣、碳酸钙、炉灰等，有利于促进厌氧发酵，提高产气量和原料利用率，其中加入磷矿粉效果最好。在此基础上加入少量的钾、钠、镁、锌、磷，可提高产气率。但由于原料中含氮化合物过多，蛋白质、氨基酸、尿素等被分解为铵盐，从而抑制了沼气发酵过程中某些化学物质的活性。所以当原料中氮素含量较高时，应适当加入碳源，调节C/N在20～30范围内。另外，在铜、锌、铬等重金属和氰化物含量过高的情况下，对厌氧消化也有不同程度的抑制。所以在厌氧消化过程中应尽量避免混入这些物质。

（6）接种物

厌氧消化过程中细菌的数量和种群直接影响甲烷的产生。厌氧发酵接种物不同，对产气量的影响也不同。添加接种物能有效地增加消化液中微生物的种类和数量，从而提高反应器的消化能力，加快有机物的分解速度，增加产气量，并使产气时间提前。采用添加接种物的方法，开始发酵时，一般要求菌种量达到料液量的5%以上。

（7）搅拌

搅拌可使消化原料分布均匀，增加微生物与消化基质的接触，使消化产物及时分离，也可防止局部出现酸积累和排除抑制厌氧菌活动的气体，从而提高产气量。

第 5 章

畜禽粪污好氧处理技术

5.1 液体粪污好氧处理技术

5.1.1 概述

在 20 世纪 70 年代，研究人员采用好氧间歇曝气技术有效治理了猪废水，发明了先进的治理设备，目前，在传统鼓风曝气装置的基础上，开发出了多种浅层射流曝气装置，具有简单性与良好的实用性，好氧技术正朝着操作简单与经济实用的方向发展。其次，接触氧化技术是通过微生物氧化分解有机物，以此达到净化污水的目的，可以对不同浓度的污水进行有效处理。例如，使用氧化技术可以有效处理猪粪，同时，研究出具有优良性能和结构的新型填料，达到 90%的 COD 去除率，以及去除 BOD。最后，研究人员对 Fill-Draw 系统进行了改进，研发出了序批式活性污泥法，其属于间歇性活性污泥工艺，目前已经被广泛应用于治理食品加工废水和城市污水等，研究显示，将猪粪水经过厌氧消化和固液分离处理后放入 SBR 好氧系统中，可以达到 70%的 COD 去除率，以及 80%以上的 BOD 去除率，使出水达到排放标准。

相对于厌氧处理技术，好氧处理技术能够更好地去除水中的磷和氮。如王美荣等在规模化畜禽养殖场废水 SBR 处理工艺研究中，对各鸡场污水处理站的废水进行了处理，测得 SBR 进水水质的 COD 为 432mg/L、NH_3-N 的质量浓度 25.8 mg/L，经 SBR 处理后，出水 COD 降到了 40mg/L，NH_3-N 的质量浓度降到了 1.1mg/L，去除了 90.7%的 COD 和 95.7%的 NH_3-N。

目前在国内畜禽养殖污水处理中，应用最多的好氧处理技术有活性污泥法、生物滤池和生物膜处理法等。

5.1.2 好氧工艺介绍

（1）活性污泥法

① 工作原理与基本结构。向污水中连续鼓入空气，经过一段时间后，污水便会形成一种污泥状絮凝体，即活性污泥，在显微镜下观察，可见大量的微生物。活性污泥法就是利用活性污泥好氧处理有机污水的生物处理方法。

活性污泥法由曝气池、沉淀池、污泥回流和剩余污泥排除系统组成，它通过以下步骤进行净化。

吸附和分解：曝气池是一个生物反应器，通过曝气设备通入空气，能使进入曝气池的污水和回流的污泥形成混合液，并经过充分搅拌后变成悬浮状态。污水中的有机物首先被比表面积巨大且表面上含有多糖类黏质层的微生物吸附和粘连，这些有机物被去除后，就像备用食物源一样贮存在微生物细胞的表面，几小时之后，这些被微生物吸附在表面上的污水有机物就会被氧化分解，使细胞获得合成新细胞所需要的能量；另一部分转化为新的 DEF 基因使细胞增殖。污水有机物经氧化分解处理后的最终产物为 CO_2 和 H_2O 等。

当氧供应充足时，活性污泥的增长与有机物的去除是并行的。污泥增长的高峰期，正是有机物去除的快速时期。

凝聚、沉淀：经过曝气池处理的混合液流入沉淀池，活性污泥与污水分离，混合液中的悬浮固体在沉淀池中凝聚、沉淀。净化水从沉淀池流出。在沉淀池中，大部分污泥回流曝气池，称为回流污泥。排出沉淀池的污泥称为剩余污泥。污泥回流可使曝气池保持一定的悬浮物浓度，即保持一定的微生物浓度。剩余污泥中含有大量的微生物，应定期或不定期排放，以防止对环境造成污染。

② 活性污泥法的基本工艺流程与运行方式。活性污泥法的基本工艺流程如图 5-1 所示。

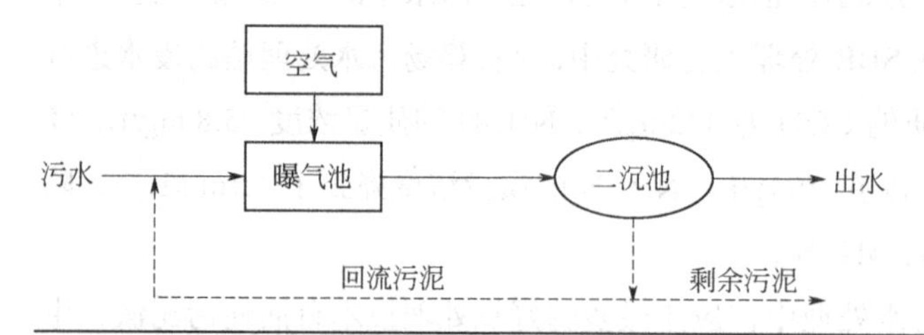

图 5-1 活性污泥法基本工艺流程图

活性污泥法的运行方式很多，主要有传统活性污泥法、阶段曝气法、渐减曝气法、生物吸附法、完全混合法、延时曝气法等。各种运行方式的特征主要体现在以下几个方面的改进：污泥负荷范围、曝气池进水点位置、曝气池流型及混合特征、曝气技术的改进等。下面介绍几种常用的运行方式。

a．传统活性污泥法。传统活性污泥法，又称普通活性污泥法，工艺流程如图 5-1 所示，它采用长方廊道式曝气池，进水点设在池头，污水和回流污泥从池首端流入，呈推流式至池末端流出。污水净化过程的第一阶段吸附和第二阶段的微生物代谢是在一个统一的曝气池中连续进行的，进口有机物浓度高，沿池子长度逐渐降低，需氧率也是沿池子长度逐渐降低的。随后污水进入沉淀池，进行活性污泥与上清液的分离。污泥回流是为了使曝气池内维持足够高的活性泥微生物浓度。

曝气池中污泥浓度一般控制在 2～3g/L，污水浓度高时采用较高数值。根据污水中有机物浓度，污水在曝气池中的停留时间常采用 4～8h。根据活性污泥的含水率，回流污泥量为进水流量的 25%～50%。

普通活性污泥法的 BOD 和悬浮物去除率都很高，可达到 90%～95%。其适用于处理要求高而水质稳定的污水，其不足之处有以下几点。

Ⅰ. 对水质变化的适应能力不强。

Ⅱ. 实际需氧量前大后小，而空气的供应往往是均匀分布，这就造成前段无足够的溶解氧，后段氧的供应大大超过需要，造成氧过剩浪费。

Ⅲ. 曝气池的容积负荷率低，曝气池容积大，占地面积大，基建费用高。

b. 阶段曝气法。阶段曝气法又称逐步负荷法。进水点设在池子前端数米处，为多点进水，工艺流程如图 5-2 所示。污水沿池长多点进入，使有机物负荷分布较均匀，从而均化了需氧量，避免了前段供氧不足、后段供氧过剩的缺点，提高了空气的利用效率和曝气池的工作能力。阶段曝气法由于各进气口的水量易于改变，运行灵活，适合大型曝气池和高浓度污水处理。试验表明，与普通活性污泥法相比，曝气池容积可减少约 30%。

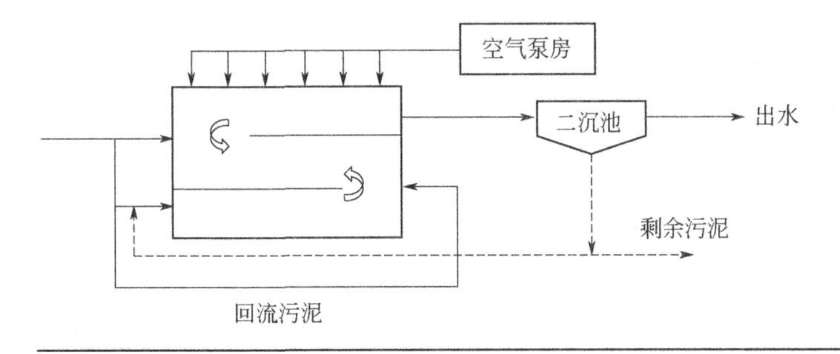

图 5-2　阶段曝气法的工艺流程图

c. 渐减曝气法。克服普通活性污泥法曝气池中供氧、需氧不平衡的另一个方法是将供气量沿池长方向递减，使供气量与需氧量基本一致，工艺流程如图 5-3 所示。

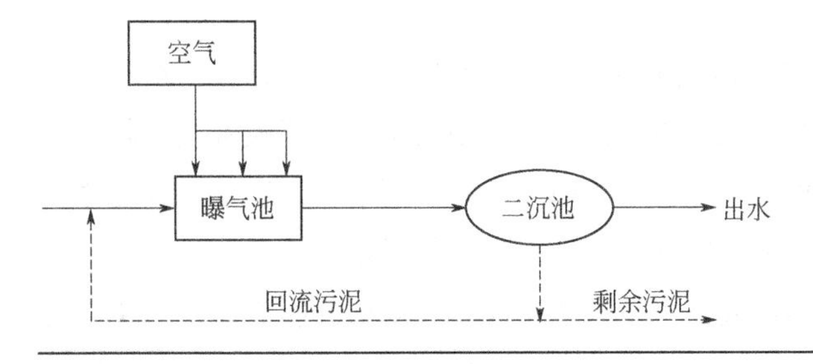

图 5-3　渐减曝气法的工艺流程图

d. 生物吸附法。生物吸附法又称接触式稳定法或吸附再生法，其工艺流程见图5-4。生物吸附法的进水集中于池中央某一个位置，污水与活性污泥在吸附池中混合接触 15~60min，使污泥吸附大部分悬浮物、胶体状有机物和部分溶解性有机物，然后混合液进入二次沉淀池。回流污泥首先在再生池中进行生物代谢，完全恢复活性后，再进入吸附池与新进水接触，重复上述步骤。吸收池和再生池在结构上可以分开建造，也可以联合建造。在合建过程中，前部分为再生部分，后部分为吸附部分，污水由吸附部分进入池中。

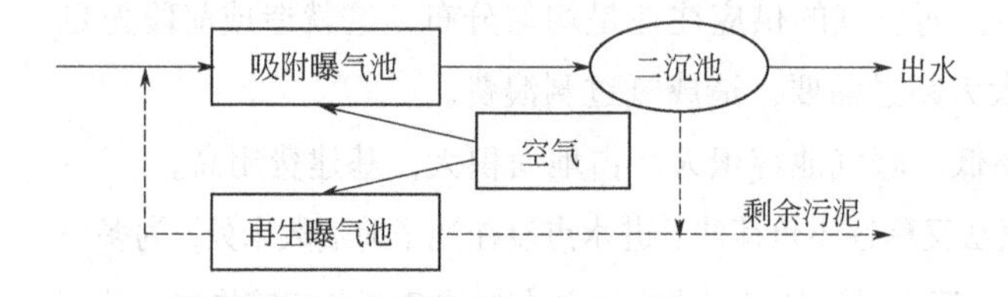

图 5-4　生物吸附法的工艺流程图

e. 完全混合法。完全混合法是目前使用较多的新型活性污泥工艺。不同于传统工艺，污水和回流污泥进入曝气池时，立即与池中原有混合液充分混合。完全混合法的特点如下。

Ⅰ. 有较好的承受冲击负荷的能力，能适应畜禽养殖污水的处理要求。

Ⅱ. 处理高浓度有机污水不需稀释，可随浓度高低在一定污泥负荷率范围内适当延长曝气时间。

Ⅲ. 在处理效果相同的情况下，污泥负荷率高于其他活性污泥法，同时，由于 F/M 值在池内各点几乎相等，池内需氧均匀，能节省动力费。

Ⅳ. 完全混合法是一种灵活的污水处理方法，可以通过改变 F/M 值，即通过改变单位质量活性污泥 [kg（以 MLSS 计）] 或单位体积曝气池（m^3）在单位时间（d）内所承受的有机物量 [kg（以 BOD 计）]，以得到所期望的某种出水水质。

完全混合法的缺点是连续进出水可能会产生短流、出水水质不及传统法理想、易发生污泥膨胀等。

f. 延时曝气法。延时曝气法又称完全氧化法，为长时间曝气的活性污泥法。它采用低负荷方式运行，所需池容积大。由于微生物长期处于内源呼吸阶段，此法不但可去除水中的污染物，而且也氧化了合成的细胞物质，可以说，它是污水处理和污泥好氧处理的综合构筑物。因污泥氧化较彻底，所以其脱水迅速且无臭气，出水稳定性也较高。另外，由于池容积大，可适应进水变化，受低温影响较小。缺点是占地面积大，曝气量大，运行时曝气池内的活性污泥易产生部分老化现象而导致二沉池出水漂泥。该法适应于要求较高而又不便于污泥处理的畜禽养殖场污水的处理。

延时曝气法一般采用完全混合式的流程，氧化沟也属此类。

序列间歇活性污泥法（sequencing batch reactor activated sludge process，SBR），是一种以间歇曝气方式运行的活性污泥污水处理工艺，又称序批式活性污泥法。

SBR 技术不同于传统的污水处理工艺，它以时间分割式操作取代空间分割式操作，以非稳定生化反应代替稳态生化反应，以静置理想沉淀代替传统的动态沉淀，其主要特点是运转时有序和间歇操作。进水、反应、沉淀、排水、闲置 5 个工序，在同一 SBR 反应池内依次循环运行，SBR 技术是以 SBR 反应池为核心，集均化、初沉、生物降解、二沉等功能于一池，无污泥回流系统。

SBR 工艺具有以下许多优点。

Ⅰ．工艺简单，占地面积小，造价低。

Ⅱ．具有理想推流反应器时间特性。

Ⅲ．操作方式灵活，处理效果好，脱氮除磷性能好。

Ⅳ．污泥沉降性能好。

Ⅴ．对进水水质中水量的波动具有良好的适应性。

但是，传统的 SBR 工艺在工业上仍然存在着一些局限性。例如，若进水流量较大，则需调整反应系统，增加投资；而对出水水质有特殊要求，如脱氮、除磷等，则需要适当改进工艺。因此，SBR 工艺根据不同水质条件、使用场合和出水要求，在设计和运行中，发生了许多新的变化和发展，并产生了许多新的变型，如 UNITANK、ICEAS（intermittent cyclic extended aeration system）工艺、DAT-IAT 工艺、CASS（cyclic activated sludge system）工艺等。

UNITANK 是比利时的 SEGHERS 公司在 SBR 基础上提出的一体化污水处理技术。UNITANK 的主体反应器是一个矩形池，内部分成三格，三格之间水力连通。三池内都设有曝气系统（表面曝气或微孔曝气），外侧两池设有出水堰。当左侧及中间池曝气时，右侧池作沉淀池，当右侧及中间池曝气时，左侧池作沉淀池。三池都设有进水管，连续的进水在三管之间周期性切换（图 5-5）。

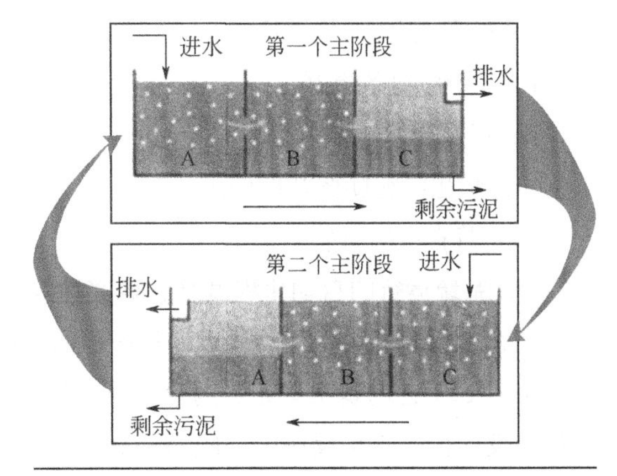

图 5-5　SBR 的变型 UNITANK 工艺示意图

UNITANK 具有 SBR 工艺的所

有优点，如省去单独的二沉池和污泥收集回流系统；交替运行，不易发生污泥膨胀（负荷波动大），工艺简单，操作灵活等。另外，UNITANK 与 SBR 相比，有其他一些优势，这些优势源于系统独特的结构和操作方式。结构紧凑结构完整，这个特性使系统具有以下优点。

Ⅰ. 共用池壁，既有利于保温，又使池体间的隔墙混凝土用量锐减。

Ⅱ. 池型紧凑，建设周期缩短，共用水平底板可以提高结构的稳定性。

Ⅲ. 容易整体加盖或建于地下，消除噪声和臭气对环境的影响，实现零排放。

Ⅳ. 占地仅为传统活性污泥法的 50%。

系统在恒水位下运行，进水连续。这决定了该工艺有如下优点。

Ⅰ. 反应池的有效池容得到连续使用。

Ⅱ. 土建不需考虑水位变化对池体压力的影响。

Ⅲ. 降低了对管道、阀门和水泵的要求。

Ⅳ. 省去了昂贵的滗水器。

CASS（cyclic activated sludge system）即循环式活性污泥法。在一设有生物选择器的池中，通过周期性的曝气和非曝气过程（充水/曝气、充水/沉淀、滗水），去除污水中的有机物、氮、磷等污染物，其工作原理如图 5-6 所示。

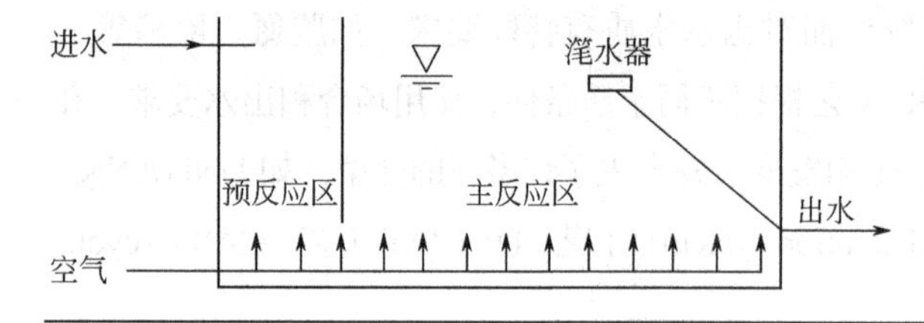

图 5-6　CASS 工艺工作原理

CASS 工艺的优点如下。

Ⅰ. 除磷脱氮效果好。

Ⅱ. 静沉出水水质好。

Ⅲ. 防止污泥膨胀性能好。

Ⅳ. 节省占地面积。

Ⅴ. 系统运行的自动化程度高、稳定性好。

Ⅵ. 对水质水量变化的适应性和操作的灵活性强。

ICEAS 工艺的基本单元是两个矩形池为一组的反应器。每台反应器分为预反应区和主反应区，其预反应区一般为缺氧状态，主反应区是曝气反应的主体。ICEAS 的优点是采用连续进水系统，减少了运行操作的复杂性，故适用于大规模污水处理，但在工艺改进的同时失去了 SBR 反应器的诸多优点，仅保留了 SBR 反应器的结构特点。

ICEAS 工艺与传统的 SBR 工艺相比，具有如下特点。

Ⅰ. 沉淀特性不同。ICEAS 在沉淀过程中受进水干扰，破坏了它成为理想沉淀的条件。为了减少进水带来的扰动，一般采用矩形设计，使出水接近平流沉淀池。

Ⅱ. 污泥的理想推流性能与膨胀控制。持续进水使 ICEAS 失去了传统 SBR 理想的推流和对难降解物质去除率高的优势，并且不能控制污泥膨胀的发生，因此需要设置选择区。

Ⅲ. 可连续进水，适用于较大规模的污水处理厂。持续进水无须在进水阀门之间进行切换，控制简单，因此可以用于较大规模的污水处理。

(2) 生物滤池

① 高负荷生物滤池。高负荷生物滤池是在解决和提高普通生物滤池净化功能及运行方面存在的问题的基础上发展起来的。高负荷生物滤池的 BOD_5 容积负荷是普通生物滤池的 6～8 倍，水力负荷则为 10 倍。因此，滤池的处理能力得到大幅度提高。此外，由于水力负荷的加大，可以冲刷过厚和老化的生物膜，促进生物膜更新，防止滤料堵塞。但其出水水质不如普通生物滤池，出水 BOD_5 常大于 30mg/L。

高负荷生物滤池要求进水的 BOD_5 不大于 200mg/L，否则需用处理出水回流稀释。回流水量（Q_R）与原污水量（Q）的比称为回流比（R，$R=Q_R/Q$）。表 5-1 列出了根据原水浓度确定的回流比。

表 5-1 高负荷生物滤池回流比

污水 BOD_5/（mg/L）	回流比（R）	
	单级滤池	二级滤池（各级）
<150	0.75～1.00	0.50
150～300	1.50～2.00	1.00
300～450	2.25～3.00	1.50
450～600	3.00～4.00	2.00
600～750	3.75～5.00	2.50
750～900	4.50～6.00	3.00

图 5-7 是高负荷生物滤池结构示意图。高负荷生物滤池多为圆形，为防止堵塞，滤料粒径较大（4～10cm），空隙率较大；滤料层厚 1.8m，承托层厚 0.2m。当采用的滤料层厚超过 2m 时，应强制通风。近年来，高负荷生物滤池开始使用聚氯乙烯、聚苯乙烯和聚酰胺为原料的波形板式、列管式和蜂窝式塑料滤料，这种滤料质量轻、

强度高、耐腐蚀、比表面积和空隙率大，可提高滤池的处理能力和处理效率。

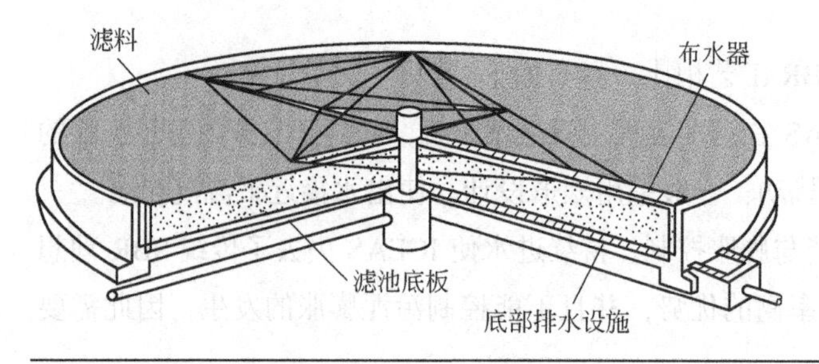

图 5-7 高负荷生物滤池结构示意图

高负荷生物滤池多使用旋转布水器，如图 5-7 所示。污水以一定压力流入池中央的进水竖管，再流入可绕竖管旋转的布水横管（一般为 2～4 根）。布水横管的同一侧开有间距不等的孔口（自中心向外逐渐变密），污水从孔口喷出，产生反作用力，使横管沿喷水的反方向旋转。这种布水器布水均匀，使用较广。

高负荷生物滤池的典型流程如图 5-8 所示。流程一应用最广泛，初次沉淀池容积较小；流程二有助于生物膜的接种和更新；流程三可省去二次沉淀池，提高初次沉淀池的沉淀效果。

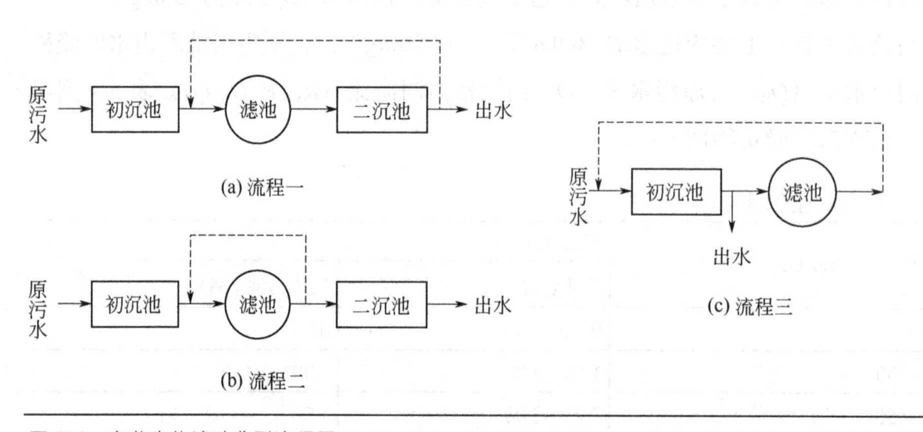

图 5-8 负荷生物滤池典型流程图

当原污水浓度较高，对处理水要求又较高时，可将两个高负荷滤池串联起来，形成二段滤池处理系统。该系统的主要问题是一级滤池负荷过大，生物膜增长快，易堵塞，二级滤池负荷过低。为此，可将串联的两个池交替地用作一级池，从而提高滤池的处理效率。

此外，还有采用人工鼓风代替自然通风的滤池，可大大强化滤池的通风能力，提高效率。

② 塔式生物滤池。塔式生物滤池是根据化学工程中气体洗涤塔的原理开创的，一般高达 8～24m，直径 1～4m。由于滤池形似高塔，使池内部形成拔风状态，因而改善了通风。当污水自上而下滴落时，产生强烈紊动，使污水、空气、生物膜三者接触更加充分，可大大提高传质速度和滤池的净化能力。

塔式生物滤池负荷远比高负荷生物滤池高，当采用塑料滤料时，水力负荷可高达 80～200m^3/（m^2·d），BOD_5容积负荷达 2000～3000g/（m^2·d）。因此，滤池内生物膜生长迅速，同时受到强烈水力冲刷，脱落和更新快，生物膜具有较好的活性。为防止上层负荷过大，使生物膜生长过厚造成堵塞，塔式生物滤池可采用多级布水的方法来均衡负荷。同时进水的 BOD_5 浓度应控制在 500mg/L 以下，否则必须采用处理水回流稀释。

图 5-9 是塔式生物滤池构造示意图。塔式滤池平面可以是圆形、方形或矩形，塔身可以是砖结构、钢结构、钢筋混凝土结构或钢框架和塑料板围护结构。塔身分层建造，每层有测温孔、观测孔和检修孔，层之间设格栅，承托在塔身上，使滤料重量分层负担，每层的高度以不大于 2m 为宜。布水装置大多采用旋转布水器，小型塔式生物滤池也可采用固定喷嘴式布水器或多孔管和溅水筛板。

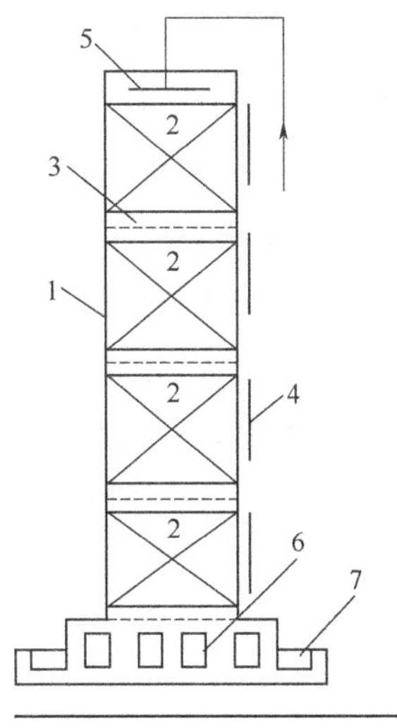

图 5-9　塔式生物滤池示意图

1—塔身；2—滤料；3—格栅；4—检修口；5—布水器；6—通风口；7—集水槽

塔式生物滤池宜采用轻质塑料滤料，广泛使用的是环氧树脂固化的玻璃布蜂窝滤料和大孔径波纹板滤料。

塔式滤池一般采用自然通风，当供氧不足时，采用机械通风。机械通风的风量可按气水比（100～150）：1取用，或通过需氧量计算。计算时，选用的氧的有效利用率以不大于 8%为宜。

塔式生物滤池占地面积小，对水量、水质突变的适应性强，产生污泥少，具有一定硝化脱氮能力。缺点是一次投资较大，塔身高运行管理不方便，运转费用较高。

③ 曝气生物滤池。曝气生物滤池（biological aerated filter，BAF）是 20 世纪 80 年代末至 90 年代初兴起的一种生物膜法污水处理工艺。这一过程最初是作为三级处理，后来逐渐发展为直接用于二级处理。随着研究的深入，曝气生物滤池由单一工艺逐步发展为系列综合工艺。它最大的特点是集生物氧化和截留悬浮固体为一体，省去了后继沉淀池（如二沉池）。另外，该处理工艺体积负荷大，水力负荷大，水力停留时间短，基本建设投资小，同时该工艺出水水质较高。与接触氧化法和传

统活性污泥法的区别在于：BAF颗粒状的粗糙多孔填料为微生物挂膜提供了较好的生长环境，微生物数量大，可达10～15g/L。微生物含量高，使BAF容积负荷增加，从而减少池容量和占地面积。池容量和占地通常是常规二级处理的1/10～1/5，基本建设投资大大降低。颗粒填料使充氧效率大大提高，一般氧利用率可提高10%～15%，减少运行费用。颗粒填料的应用使BAF具有优良的过滤吸附性能，减少二沉池的建设成本，进一步降低基本工程成本。在一个反应器内同时实现有机物的氧化、硝化和反硝化，实现有机物的去除和脱氮；在反应器上部，异养微生物为优势菌，碳污染物（COD、BOD_5和SS）主要在这里被去除；而在池下部，自养菌如硝化细菌占优势，氨氮被硝化。生物膜内部，以及部分填料之间的空隙处，也存在兼性微生物，可以实现反硝化反应。BAF处理出水既能达到环保排放标准，又能回收再利用，如冷却用水等。BAF抗冲击负荷能力强，不产生污泥膨胀问题，一段时间不运转（几天或几个月），微生物不流失，几天内就恢复到正常处理水平。

曝气生物滤池的基本类型根据进水流向主要分为上向流曝气生物滤池和下向流曝气生物滤池。

上向流曝气生物滤池的结构如图5-10所示。滤池底部进水，经长柄滤头配水后通过垫层进入到过滤层，同时压缩空气通过过滤层与垫层之间的配气管进入过滤层，在过滤层实现有机物的去除、硝化反应以及SS的去除；反冲洗时，气、水同时进入气水混合室，经长柄滤头进入滤料，反冲洗出水回流入初沉池，与原水合并处理。

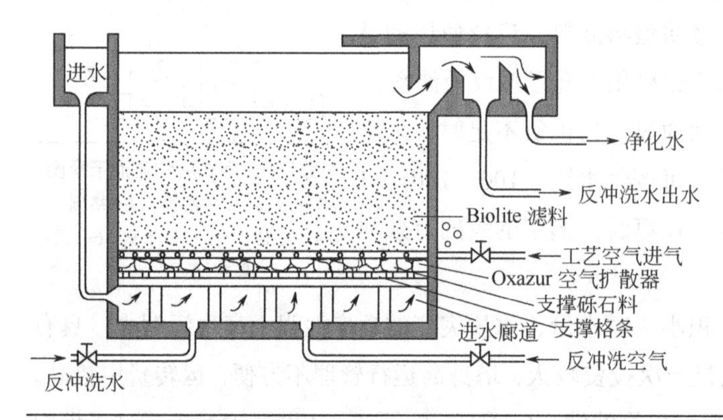

图5-10　上向流曝气生物滤池结构图

上向流曝气生物滤池的主要特点有：同向流可促进布水、布气均匀；SS的截留可发生在滤池各个高层，从而加大过滤层的纳污率，延长滤池的反冲洗周期；通过改变运行条件，可实现对不同污染物的去除，如将碳源通入空气管中，调整水力负荷，则可实现反硝化。

关于下向流曝气生物滤池，早期开发的曝气生物滤池基本都为下向流式，如图5-11所示。与上向流曝气生物滤池相比，其最大的缺点是SS只能被截留在滤床表层，该部分的水头损失占整个滤床水头损失的绝大部分，造成滤池的截污能力没有被充分发挥，纳污量较低，容易堵塞，运行周期短。

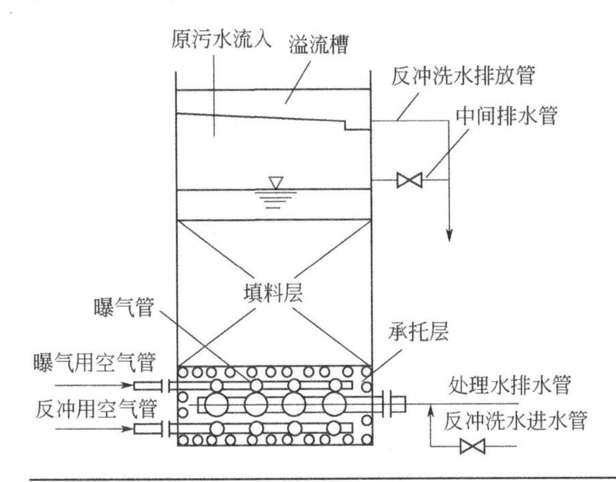

图5-11　下向流曝气生物滤池结构图

5.1.3　影响因素

（1）影响活性污泥增长的因素

活性污泥法是水体自净过程的人工强化。要充分发挥微生物在活性污泥中的代谢作用，必须创造有利于微生物生长和繁殖的条件。影响活性污泥增长的主要因素有以下几个。

① 溶解氧。活性污泥法是好氧的生物处理法，氧是好氧微生物生存的必要条件，氧供应不足会阻碍微生物的代谢过程，产生耐低溶解氧环境的微生物如丝状菌繁殖，使污泥不易沉淀，这种现象称为污泥膨胀。活性污泥混合液中溶解氧浓度以2mg/L左右为宜。

② 营养物。微生物生长和繁殖需要一些营养物质。碳元素的需要量一般以BOD_5负荷表示，它对污泥的生长、有机物降解速度、需氧量以及污泥沉降特性都有直接影响。如果活性污泥用混合液悬浮固体（MLSS）表示，则一般活性污泥法BOD_5负荷控制在0.3kg（BOD_5）/［kg（MLSS）·d］左右；高负荷活性污泥法BOD_5负荷高达2.0kg（BOD_5）/［kg（MLSS）·d］左右。除碳外，微生物生长繁殖还需氮、磷、硫、钾、镁、钙、铁等多种微量元素。普通氮、磷需要量应满足BOD_5∶N∶P=100∶5∶1。

③ pH 值和温度。为了保持活性污泥法处理设施的正常运行，要求混合液 pH 值控制在 6.5～9.0，以 20～30℃为宜。

此外，对生物处理有毒害作用的物质的浓度也应加以控制。重金属、氰化物、H_2S、卤素、酚类、醇类、醛类、染料等物质均对微生物有毒害或抑制作用。

（2）影响生物滤池的因素

曝气生物滤池的运行效果受进水水质、水温、pH 值、溶解氧、水力负荷、水力停留时间等诸多因素的影响，此外，曝气方式、填料类型、结构特点和填料比表面积等因素也会对处理效果产生影响。

① 水温。夏季气温较高时，曝气生物滤池处理效果最佳；冬季水温较低，生物膜活性受到抑制，处理效果不佳。

② pH 值和酸碱度。对于好氧微生物来说，进水 pH 值在 6.5～8.5 较为适宜。对于硝化细菌而言，pH 值在 7.0～8.5 较为适宜。

③ 水力负荷。水力负荷越小，水与填料接触的时间越长，处理效果越好，反之处理效果变差。但是，由于水力停留时间与工程造价密切相关，在满足处理要求的前提下，应尽量缩短水力停留时间。

④ 溶解氧。在溶氧量小于 2mg/L 时，好氧微生物的生命活动受限，有机物和氨氮的氧化分解不能正常进行。所以，控制曝气量的大小是十分重要的。由于曝气量大，滤池的溶氧量高，有利于提高好氧微生物的活性和生物膜内氧化分解有机物的速率。增加曝气量后，气流上升所产生的剪切力会促进老化生物膜的脱落，防止生物膜过厚，提高滤池传质效率。但过大的曝气量也会对生物膜的生长产生不利影响，使微生物在填料表面黏附生长变得困难。

5.2 固体粪污好氧处理技术

5.2.1 概述

堆肥化是畜禽粪污无害化处理的一种方法。所谓堆肥化，是指利用自然界中广泛存在的细菌、放线菌、真菌等微生物的发酵作用，通过人工控制，在一定的湿度、温度、C/N 和通风条件下，人为地促进可生物降解的畜禽粪污向稳定性的腐殖质生化转化的过程。

在堆肥化过程中，随着有机质分解和腐殖质的形成，堆肥材料的重量和体积发生了较大的变化，通常由于碳素等挥发性成分的分解改变，重量和体积均会降低1/2左右。堆肥化的产物称为堆肥。它是一种深褐色、质地松软、有泥土气味的物质，与腐殖质土壤相似，故又称腐殖土，是一种土壤改良剂和调节剂，具有一定肥效。

堆肥化按照微生物生长的环境，可以分为好氧堆肥和厌氧堆肥。好氧堆肥是好氧微生物在与空气充分接触的条件下，使堆肥原料中的有机物发生一系列的放热分解反应，最终使有机物转化为简单而稳定的腐殖质的过程。好氧堆肥具有温度高、分解彻底、堆肥周期短、恶臭少、基础设施建设投资少、操作简单、管理方便、粪污处理效果良好、可以大规模推广等优点。典型的好氧堆肥过程包括矿化和生物转化，即微生物利用氧气将大分子有机物分解为小分子有机物（如腐殖质），并释放出 CO_2、NH_3、NO、H_2O 等小分子无机物及能量，同时利用部分分解物质合成生物机体。

畜禽粪便好氧堆肥适用于牛、羊、猪、禽等所有畜禽粪污的处理与利用。畜禽粪便中含有丰富的植物生长所需要的氮、磷、钾（N、P、K）等营养物质，是农牧业可持续发展的宝贵资源，是种养结合的桥梁，粪污好氧堆肥是目前广泛使用的粪污处理技术之一。根据粪污的类型和特点选择合适的辅料，掌握好湿度、温度和氧气量，可使粪便快速发酵生产有机肥。

畜禽粪便好氧堆肥的过程可分为升温期、高温期、熟化期三个阶段。

（1）升温期

发酵前，堆肥原料中含有多种有害的、无害的菌类，当温度和其他条件适宜时，各类微生物开始繁殖，当温度升到25℃以上时，中温性微生物菌类进入旺盛的繁殖阶段，开始分解有机物，经20h就能升到50℃。在升温期，以芽孢菌和霉菌等嗜温好氧微生物为主的菌类，快速分解畜禽粪便中的淀粉、糖类等易分解物质，同时不断地释放热量，使堆温不断升高。

（2）高温期

当堆温达到60～70℃时，堆肥进入高温期。这段时间内，高温菌取代了常温菌成为优势菌种，高温使畜禽粪便中的蛋白质、脂肪及复杂的糖类如纤维素、半纤维素等的分解加速，腐殖质开始形成。当温度上升到70℃以上时，大量的嗜热菌死亡或进入休眠状态，在各种酶的作用下，有机质继续分解，热量会因微生物的死亡、酶的活动消退而逐渐降低。在70℃以下时，休眠的微生物重新活跃起来，产生新的热量，经过多次重复保持70℃的高温水平。在此期间畜禽粪便中的虫卵和病原菌因高温被杀死。

（3）熟化期

当高温持续一段时间以后，易于分解或较易分解的有机物已大部分分解，剩下的是木质素等较难分解的有机物及新形成的腐殖质。这时微生物活动减弱、产热量降低、温度下降，常温微生物又成为优势种，进一步分解残渣，腐殖质继续积累。

5.2.2 好氧工艺介绍

通常，好氧堆肥经过物料预处理、一次发酵、二次发酵和后处理，最终生产出不同规格的堆肥产品。其中一次发酵阶段又称高速堆肥阶段，二次发酵又称慢速腐熟堆肥阶段。

（1）堆肥物料及其预处理

适合好氧堆肥的物料一般应具备以下基本特性:可降解有机物含量不低于30%，含水率在60%左右，C/N在20～30，粒径在8cm以下，孔隙率不低于30%，pH值在7左右。

堆肥物料不同，堆肥化的目的不同，其预处理手段也各不相同。常用的预处理手段主要有以下几种。

① 筛分。利用筛分设备对粒度较宽的颗粒分级，除去不适于堆肥的灰土和粗粒，使堆肥物料保持在适宜的粒度范围内，提高成品的质量。

② 破碎。通过外力作用破坏较大物体内部的凝聚力和分子间作用力而使物体破裂、粒径变小。堆肥物料的粒径经破碎控制在理想范围内。

③ 添加调理剂或膨胀剂。“调理剂”是指加入堆肥化物料中的有机物，从而降低单位体积的质量，增加物料与空气的接触面积，同时还具有增加物料中有机物含量的作用。常用的调理剂有木屑、稻壳、秸秆、树叶等。“膨胀剂”是指有机的或无机的三维立体固体颗粒，当它加入潮湿的堆肥化物料中时，使其具有足够的尺寸，保证物料与空气的充分接触，并起到支撑作用。常用的膨胀剂有干木屑、花生壳、小块多孔岩石等物质。近些年来，已有专门开发的堆肥“膨胀剂”材料和产品的报道，多采用可重复使用且不降解的高分子材料。

畜禽粪便中含有丰富的氮、磷、硫和钾等营养元素，是良好的堆肥原料。在堆肥开始前，针对畜禽粪便的含水率高、有机物含量高、C/N低的问题，可以通过加入秸秆、木屑等调理剂，改善物料的空隙度、pH值和C/N，从而制备出性能较好的堆肥原料。

（2）一次发酵

鉴于高速堆肥阶段对于生产出高品质的堆肥产品至关重要，国内外的堆肥工艺大多致力于高速堆肥阶段的研究，即一次发酵。高速堆肥的工艺多种多样，其主要目的是加速堆肥进程、提高堆肥产品品质。一次发酵工艺可根据进料方式、物料状态、操作方式、是否进行接种及通风控制方式进行分类。按堆肥过程中的物料状态可分为：静态堆肥和动态堆肥。按堆肥操作条件可分为：条垛式堆肥、静态通气式堆肥、槽式堆肥和容器堆肥。按堆肥的进料条件可分为：间歇式堆肥（或称批式堆肥）、序批式堆肥（或称半连续堆肥）和连续式堆肥。按堆肥过程中的接种条件可分为：无接种堆肥、微生物强化接种堆肥和堆肥半成品回流接种堆肥。按堆肥过程中的通风条件可分为：自然通风、无反馈通风、温度反馈通风、氧气浓度反馈通风等。各种系统的供气方式、温度控制、物料的混合搅拌方式及堆肥周期各不相同，初期投资和运行费用变化很大。下面介绍一次发酵阶段的主要工艺过程。

① 以堆肥操作条件进行的分类

a．条垛式堆肥。条垛式堆肥是一种开放式堆肥方法，根据粪污来源和堆肥辅料按照一定比例混合均匀后排成条垛，并通过机械周期性翻抛通风降温，翻抛周期每周3～5次，完成一次发酵需要50天左右。

优点：该技术简便易操作，基础设施投资少，堆肥条垛长度可调节。

缺点：堆肥高度不超过1.2m，占地面积大，堆肥发酵周期长，臭气不易控制，产品质量不稳定。如果是露天进行条垛式堆肥，臭气无法控制，而且受降雨降雪等天气变化影响较大。

b．静态通气式堆肥。静态通气式堆肥是在堆体底部或者中间建设多孔通风管道，利用机械风机实现供氧。

优点：堆体高度可提升到 2m，相对占地面积较小；由于堆体供氧充足，发酵时间较短，30天就可以完成发酵过程，相对提高了堆肥发酵处理能力；该技术工艺通常在室内操作，可对臭气进行收集和处理。

缺点：相对条垛式堆肥，静态通气式堆肥投资较高。

c．槽式堆肥。槽式堆肥就是把粪污、辅料和微生物菌种混合物放置于“槽”状通道结构中进行发酵的堆肥方法。供氧需要安装翻抛机，翻抛机在槽壁轨道上来回翻抛，槽底部可以安装曝气管道，给堆料通风曝气。发酵槽的宽度和深度要根据粪污种类、多少和翻抛机的型号来规划建设，一般堆肥槽堆料可达 1.5m 高，堆肥发酵时间为20～40天。翻抛机搅拌堆料是对堆体上下堆料混合均匀并破碎的过程，可以有效防止堆体自沉降压实导致厌氧发酵，也可以有效防止堆体温度过高，搅拌均匀的堆体可生产出质量相当好的肥料。

优点：发酵周期短，粪便处理量大；堆肥场地一般建设在大棚内，臭气可收集处理；产品质量稳定。

缺点：机械投资和运营成本较高，操作相对复杂，由于设备与粪污长时间接触，易损件比较多，需要定期检查和维修，技术要求相对较高。

d. 容器堆肥工艺。容器堆肥是把粪污、辅料和微生物菌种混合物置于密闭反应器进行曝气、搅拌和除臭于一体的好氧发酵技术工艺。容器一般高达 5m 左右，发酵周期 7～12 天。物料从顶部加入，底部出料。

优点：在城区中小型规模养殖场（小区）就地处理粪污较好，发酵周期短，占地面积小，自动化程度高，臭气易控制。

缺点：处理量有限，投资运营成本高，不适合大规模养殖场（小区）使用。

② 以堆肥进料条件进行的分类

a. 间歇式堆肥。大多数的堆肥进料都是间歇进料。堆肥开始后，堆体的空间位置不变，并且不会添加新的物料，直至堆肥完成。Indore 法、ASP 法和 Rutgers 法等都是典型的间歇式堆肥系统。堆肥过程中没有新进物料与原有物料混合的过程，因此对设备的要求低，堆肥成本也较低。

b. 连续式堆肥。连续式堆肥是一种连续进料和连续出料的堆肥系统。根据所设计好的停留时间，物料从反应器一端连续进入，从另一端流出。具有搅拌功能的堆肥反应器可采用连续进料方式，如水平流反应器堆肥系统和垂直流反应器堆肥系统等。连续式堆肥反应器系统的堆肥成本较高。

c. 序批式堆肥。间歇式进料都是采用固定配比的混合物料堆肥，因此不适用于含水量大于 75%的高水分物料的好氧堆肥。在高水分物料堆肥过程中，要保证物料的适宜的孔隙率和适宜的透气性，往往需要加入如木屑、锯末和稻草等结构调理剂。近年来，一些研究者基于堆肥生物自产热的生物干燥原理，提出了一种创新性的序批堆肥方法，并通过中试规模的粪便堆肥获得成功。序批式进料是指在一个堆肥周期内间歇地投加新料并充分搅拌混合，凭借堆肥过程中生物自产热提高温度，不断将物料中多余水分去除的堆肥方法。该方法适合于高水分物料的堆肥化处理。

普通堆肥混合骨料的初始含水率为 65%（湿基），通过产热、蒸发和空气流动，在数周或数月内，湿度逐渐降至 45%以下。这一过程的机理比较简单：堆肥物料中含有能量，好氧微生物进行生物合成与分解代谢仅能利用 60%的能量，其余的 40%以废热形式释放。空气通过堆体获得热量，使堆料颗粒表面的水分蒸发。堆肥物料的生物干燥是物理过程和生物过程相互作用的结果。其中，物理过程与反应器的结构和气流速率、水蒸气从底物扩散到气流中速率以及温度、湿度等因素有关。生物过程中的限速因子是底物的降解速率，它直接影响能量的释放，从而影响生物干燥过程中物理化学和生物学作用。

序批进料堆肥方法有两方面的功效：第一，可以通过高水分物料的添加实现水分的补充和调整；第二，可以使缓慢降解有机物得到更充分的降解。需要指出的是，由于序批堆肥需要不断混合新料和堆肥进行中的老料，对于静态堆肥方式而言是不合适的。

堆肥系统的通风管理可以有效减少通风所产生的问题。通过风机给堆肥系统供风的目的是：吹入冷空气，降低或控制堆体的温度；蒸发水分，使底物干燥；向系统输送氧气。空气的温度和湿度与地区和季节差异相关，但相对于堆肥系统，其含水量和温度都较低。当空气流过堆体的每一层时，氧气被微生物利用，空气本身就被加热，并与二氧化碳和水混合，从而增加相对湿度。因此，空气蒸发的显热和潜热也随之增加。在堆肥过程中，热量的流失主要是潜热蒸发。一般认为，强制通风系统中，空气的蒸发冷却能力在空气进口区较高，当空气通过物料层时就会下降。堆体在气流方向上具有明显的温度和水分梯度，这是由于空气和堆体之间的热质传递。

目前主要的通风管理策略是：间歇通风（intermittent aeration，IA）；气流循环（air recirculation，AR）；正反向交替通风（reversed direction air flow，RDAF）；正反向交替通风的气流循环（AR-RDAF）等。

I. 间歇通风。在强制通风系统中，风机可以连续或间歇地按固定或变化的速度运行。风机通过持续运转来提供固定的风量，但是通常比间歇通风的气流速度小。持续通风操作容易导致堆体温度不稳定。如前所述，靠近气流通道的区域温度较低是由于冷却作用而导致的，可能无法达到杀死致病菌所需的温度；而其他接触空气较少的区域则会出现热量积累、温度上升的现象。如果供给不足，这些区域可能会缺氧，从而影响好氧堆肥进程。在通风停止后，堆体不同部位的温度将会趋于平衡，间歇式通风管理方法的优势显而易见。

利用时间控制器控制风机开关，可实现系统的间歇式通风。当堆肥系统通风之后，系统就会做出反应，如出现温度变化、有氧速率变化等。通过研究通风速率、时间间隔、堆体参数（如温度）之间的关系，获得能量消耗少、降解速率最大（杀灭致病菌所需要的最佳温度）的最优通风管理策略。Hong 等采用 208L 的反应器对猪粪添加锯末的堆肥系统进行通风控制研究，结果表明，间歇通风比连续通风减少了通风量 60%以上，同时还能减少堆肥中的氨挥发。

Ⅱ. 气流循环。气流循环是将堆肥系统出口的空气以一定比例返回到系统的进口，是一种重新进入堆肥物料中的通风管理方法。其主要优点是回流气体的温度、湿度和焓均比周围空气高，有利于维持堆体温度。气流循环存在上下限，上限是指封闭反应器，使所有的空气都得到循环；下限是无气体循环。对于前者，由于水分和热量损失较少，热量和水分会不断累积，温度会上升到令人无法接受的水平，最终导致好氧堆肥过程的自然中断，出现厌氧状态。为了避免这一情况，只能部分气体参加循环，其余的气体必须排空，以带走热量和水分，并补充新鲜的空气。

Ⅲ. 正反向交替通风（RDAF）。良好的堆肥应保持含水量在 55%～65%。Schulze 等根据耗氧量表征微生物活性的试验表明：对于混合垃圾，最佳含水率应保持在 60%；湿度低于 11.2%时，微生物活性被完全抑制。水分限制的原因是，由于大多数微生物代谢都发生在溶液（液相）环境中，因此限制了水分。营养物质和氧气必须是可溶的状态才能被微生物代谢利用。在缺乏足够的水分（小于 45%）的情况下，会影响微生物对营养物质和氧气的利用，从而阻碍堆肥进程。

正如前面提到的，沿气流路径存在水分梯度。Sabbah 等开发的气体循环或正反向供风是一种农产品干燥技术，可以在床体内保持稳定的干燥速率，可以直接用于封闭的堆肥系统中，使堆肥过程稳定，干燥速率稳定。通过定期交换气流方向，将上层的冷凝水转移到底层。此工艺可使堆体内的干燥区域润湿，使水分均匀分布，最后使干燥物料达到平衡，同时提高降解速率和堆肥基质的均质性。正反气流的另一个优点是，它可以降低对堆肥系统中混合物料的要求。

Sabbah 等对大豆进行了正反向通风干燥研究，并和传统的干燥技术做了比较。利用特殊深度的反应床，可实现气流正反向控制。研究结果表明，RDAF 技术可以在反应床体内建立一致的干燥速率。 通过每 2h、4h 或 6h 交换气流方向，可显著提高床体最终水分的一致性。而温度的迅速趋同是干燥速率趋同的主要原因。

Sabbah 等采用计算机模拟研究了周期正反向通风对大豆干燥和能量消耗的影响。用一个简单的水分迁移方程来描述薄层干燥和再加湿过程。该数学模型用 16 个单独的试验进行验证。结果表明，与单向通风（one direction air flow，ODAF）干燥相比，RDAF 法得到了更一致的水分分布。采用 RDAF 时，反应器内部的温度较低而且湿度较高，最终水分一致性显著提高。然而，为获得相同水平的最终湿度，RDAF 的能耗明显高于 ODAF。

Hansen 等以鸡粪和新鲜的玉米秸秆混合物为堆肥物料，比较了堆肥中单向通风（ODAF）和正反向通风（RDAF）的效果，反应器容积均为 205L。RDAF 设计每 12h 交换一次通风方向。在 RDAF 反应器中，当气流向下时，下层物料快速达到高温期，上层物料被空气冷却，温度较低。采用RDAF工艺的反应器中，堆料的水分停留时间明显提高，降解速率更为一致。在堆肥完成后，RDAF的产物水分含量高于ODAF，而RDAF工艺中的氨挥发更强，这是更高的微生物降解活性所致。

结果表明，正反向通风降低了堆体中的水分梯度，提高了系统的水分停留时间、降解一致性和物料均质性，但也增加了系统的能耗。

Ⅳ. 正反向交替通风的气流循环。正反向交替通风的气流循环（AR-RDAF）是堆肥气体在正反向通风的情况下回流，目的是通过保持相同的温度、水分、氧气浓度，达到提高降解速率和降解的一致性，延长水分停留时间。其显著特点是：每一种气流方向发生变化时，出口气体会达到一个最高温度，因而具有短期较高的干燥潜力。因此，缩短气体回流时间，可以提高干燥效率。

交替变换方向通风技术虽然具有优越性，但是由于技术比较复杂，在实际应用中有一定难度，目前还不多见。

（3）二次发酵

堆肥物料在经过主发酵后需要进一步发酵，在此过程中，未分解的易分解有机物和较难分解的物质可能被全部分解成腐殖酸、腐殖质等比较稳定的有机物，形成完全成熟的堆肥成品。后发酵也可以在专用料仓内进行，但一般是把物料堆积至1～2m的高度，开槽后发酵，此时要有防雨设施。有时还需要翻堆或通风，以提高后发酵效率。

后发酵时间取决于堆肥的使用情况。比如堆肥用于温床（可以利用堆肥的分解热）时，可在主发酵后直接利用。对于休耕期几个月没有种植作物的土地，大部分可以使用未进行后发酵的堆肥，即直接施用堆肥，而对于已经种植作物的土地，则必须施用堆肥完全腐熟的产物，以避免堆肥在继续分解时会与作物争夺土壤中的氮。后发酵时间通常在20～30天以上。堆肥若不进行后发酵，其利用价值明显降低。

（4）后处理

原料经过二次发酵后，几乎所有的有机物质从颗粒大小、形状和数量等方面均有变化。但是，塑料、玻璃、陶瓷、金属、小石块等杂物仍然没有改变。所以，还要经过筛分去除这些杂物，可以采用回转式振动筛、振动式回转筛、磁选机、风选机、惯性分离机、硬度差分离机等预处理设备，将上述杂质分离出来。后处理除了分选、破碎外，还包括打包装袋、压实造粒等工序，根据实际需要将后处理设备组合。

根据需要（如生产精制堆肥），堆肥产物可进行重新破碎。经过净化的散装堆肥产品，既可以直接销售给用户，又可以用于农田、菜园、果园作为土壤改良剂，也可以根据土壤的情况、用户的需要，在堆肥中加入N、P、K添加剂，制成复合肥，做成袋装产品，既方便运输，又能提高肥效。也可在一定条件下固化造粒，便于储藏。

(5) 恶臭控制

在堆肥化工艺过程中，每一道工序所产生的氨、硫化氢、甲基硫醇、胺类等臭气必须进行脱臭处理。利用热化学原理，对臭气进行化学清洗、物理吸附、生物过滤、热处理等。对臭气的控制和处理，视具体情况而定。在采取相应措施之前，应对除臭措施的成本及效果进行评价，并与其他除臭方案进行比较。生物过滤法相对于化学洗涤法、吸附法、热处理法比较经济实用，因此在工程上的应用较多，本节主要介绍生物过滤除臭技术及其设计、应用。

① 生物过滤。生物滤池（biofilter）和生物滴滤池（biotrickling filter）是两种主要的生物除臭系统。在开放式的生物滤池中，拟处理的臭气通过填料床向上运动；在加盖生物滤池中，将拟处理的气体鼓入填料，或者从填料中抽出，如图 5-12 所示，填料大多是腐熟的堆肥产物。当臭气在生物滤池中通过填料床时，同时发生吸着（即吸收/吸附）和生物转化。臭气被潮湿的表层生物膜和填料表面吸收/吸附。附着在填料介质上的微生物（主要是细菌、放线菌和真菌），氧化被吸收/吸附的臭气，并更新填料的处理能力。池内的湿度和温度是生物滤池重要的环境条件，必须保持合适的温度和湿度以使微生物活性优化。这种处理系统的缺点是占地面积大。

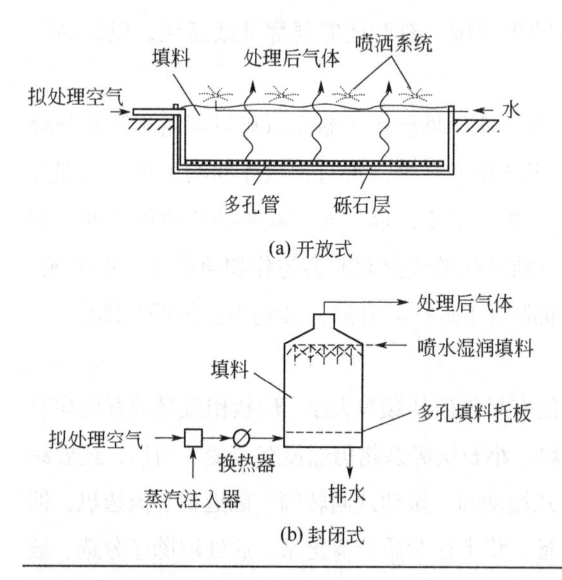

图 5-12　典型的生物滤池示意图

生物滴滤池与生物滤池基本相同，不同之处在于前者持续地向填料上喷洒水，而后者间歇地向填料上喷活水，如图 5-13 所示。水是循环使用的，通常还向水中添加营养物。由于滤池放出的气体会带走水分，所以必须及时补给水。此外，由于循环水中盐类的累积，需要定期排污。典型的填料有保尔环、拉西环、火山岩块，以及颗粒状活性炭等。腐熟的堆肥物不适合做该系统的填料，这主要是由于堆肥物能吸收水分，堵塞孔隙，从而限制了滤池中空气的自由流动。

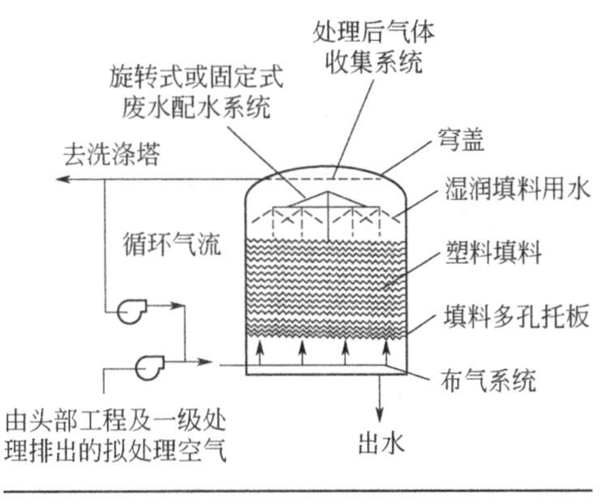

图 5-13　典型的生物滴滤池示意图

② 脱臭设施的选择和设计。控制和处理臭气设施的选择和设计应按照下列步骤进行：确定拟处理臭气的性质和体积；明确处理后气体的排放要求；评价气候和大气条件；选出拟评价的一种或多种控制和处理气体的技术；进行中间试验，以求出设计的标准和性能；进行生命周期评价和经济分析。

③ 生物滤池的设计。生物滤池的设计需考虑以下几个方面：填料的材质，配气设施，保持生物滤池内部的湿度，控制温度。

a. 填料的材质。生物滤池所用的填料必须满足以下条件：一是足够的孔隙率和近似均匀的粒径；二是颗粒表面积大，支撑大量微生物群体；三是较强的 pH 值缓冲能力。常用的生物滤池填料有堆肥物、泥炭以及各种合成材料。为保持堆肥物及泥炭类生物填料的孔隙率，可考虑添加膨胀材料，如珍珠岩、泡沫聚苯乙烯团粒、木屑、树皮、各种陶瓷及塑料材料。典型堆肥生物滤池的填料配比是：堆肥物∶膨胀材料 = 50∶50（体积比）。

填料的最佳物理性质为：pH 值为 7～8，孔隙率 40%～80%，有机物含量 35%～55%。当采用腐熟堆肥物时，必须定期添加堆肥以补偿由于生物转换造成的堆肥量的损失。采用的滤床深度可达 1.8m。由于大部分的去除作用发生在滤床深度的 20%，故不推荐采用更大的滤床厚度。

b. 气体分布。如何将拟处理气体引入系统是生物滤池设计的关键要素。最常用的布气系统有：多孔管，预制底部排水系统，压力通风系统。多孔管通常置于堆肥物下面的卵石层中，如图 5-14 所示。采用多孔管时，管径的大小非常重要，应使其发挥贮水池（而不是集液管）的作用，以保证其布气均匀。预制底部排水系统可使气体通过堆肥床向上运动，并可收集排水。该系统也分多种。而压力通风系统是为了均化空气压力，使得向上通过堆肥床的气流量均匀。压力通风系统的高度一般为 200～500mm。

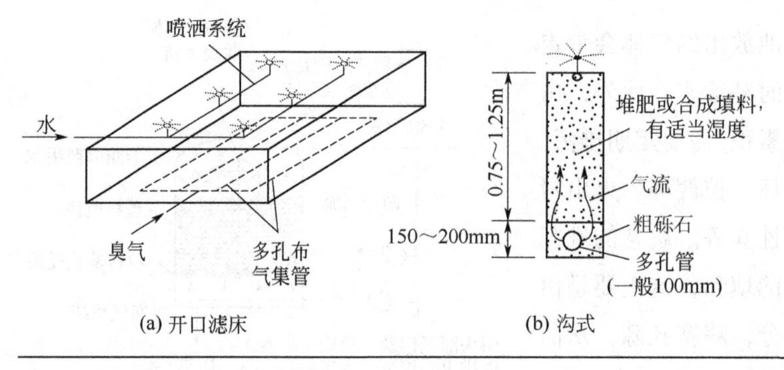

图 5-14　开放式生物滤池示意图

c．湿度控制。保持滤床中适宜的湿度是生物滤池操作的最关键问题。研究表明，最佳湿度在 50%～65%。如果湿度过低，生物活性就会减弱。在严重的情况下，还会使生物滤池有变干的趋势。反之，空气流量会受到限制，导致滤池中产生厌氧条件。湿度的供给可以采用向滤床顶部加水（通常采用喷洒法），或加湿入流空气两种措施。在滤池的操作温度下，进入的空气其相对湿度应为 100%，典型的液体投加率为 0.75～1.25m^3/（m^2 • d）。

d．温度控制。生物滤池的操作温度在 15～45℃，而最佳温度则在 25～35℃。在气候寒冷时，生物滤池应采取保温措施，进气也必须进行预热。而当进气温度较高时，应在进入生物滤池前进行冷却。在气温保持相对稳定的高温（如 45～60℃）条件下操作也是可行的。

④ 生物滤池的设计参数和操作参数。计算生物滤池尺寸时，通常依据滤床内空气的停留时间、空气的单位负荷率以及组分去除能力。表 5-2 列出了生物滤池常用的设计参数。

表 5-2　用于散装填料滤池的设计和分析参数

参数	定义
空床停留时间 EBRT $=\frac{V_f}{Q}$	EBRT——空床停留时间，h V_f——滤床接触池的总容积，m^3 Q——体积流量，m^3/h
滤池中实际停留时间 RT $=\frac{V_f\alpha}{Q}$	RT——停留时间，h，min，s α——滤床接触池孔隙率
表面负荷率 SLR $=\frac{Q}{A_f}$	SLR——表面负荷率，m^3/（m^2 • h） A_f——滤床接触池表面积，m^2
表面质量负荷率 SLR$_m$ $=\frac{QC_0}{A_f}$	SLR$_m$——表面质量负荷率，m^3/（m^2 • h） C_0——进气浓度，g/m^3
容积负荷率 VLR $=\frac{Q}{V_f}$	VLR——容积负荷率，m^3/（m^3 • h）

续表

参数	定义
容积质量负荷率 $VLR_m = \frac{QC_0}{V_f}$	VLR_m——容积质量负荷率，$m^3/(m^3 \cdot h)$
去除效率 $RE = \frac{(C_0 - C_e)}{C_0} \times 100\%$	RE——去除效率，% C_e——出气浓度，g/m^3
去除能力 $EC = \frac{Q(C_0 - C_e)}{V_f}$	EC——去除能力，$g/(m^3 \cdot h)$

堆肥气体在生物滤池内的停留时间般在 15～40s；在 H_2S 浓度达 20mg/L 时，表面负荷可达 $120m^3/(m^2 \cdot min)$。图 5-15 为生物滤池对硫化氢和其他致臭化合物的去除能力曲线，可以看出，在达到临界负荷率以前，去除能力与质量负荷基本为 1:1 的线性关系，达到临界值后，去除能力渐近最大值。这些结果表明，采用生物滤池很容易去除 H_2S。表 5-3 为生物除臭系统的典型参数设计范围。

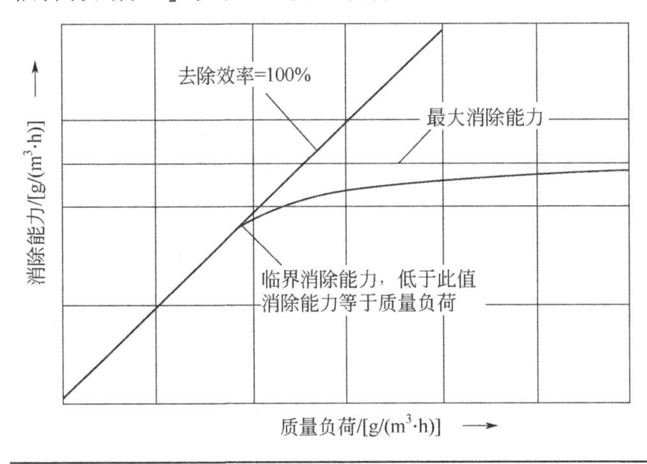

图 5-15　相对于施加负荷的去除能力典型曲线

表 5-3　生物除臭系统的典型参数设计范围

项目	类型	
	生物滤池	生物滴滤池
氧浓度（氧份数/臭气份数）	100	100
堆肥物含量/%	50～65	50～65
合成介质含量/%	55～65	55～65
温度（最佳值）/℃	15～35	15～35
pH 值	6～8	6～8
孔隙率/%	35～50	35～50
臭气停留时间/s	30～60	30～60

续表

项目	类型	
	生物滤池	生物滴滤池
填料厚度/m	1～1.25	1～1.25
臭气进气浓度/（g/m^3）	0.01～0.5	0.01～0.5
表面负荷率/［m^3/（m^2·h）］	10～100	10～100
容积负荷率/［m^3/（m^3·h）］	10～100	10～100
液体投配率/［m^3/（m^2·d）］	—	0.75～1.25
H_2S 去除能力/［g/（m^3·h）］	80～130	80～130
其他臭气去除能力/［g/（m^3·h）］	20～100	20～100
背压（最大值）/mmH_2O	50～100	50～100

注：1mmH_2O=9.80665Pa。

5.2.3 影响因素

微生物在堆肥过程中的活动程度直接影响堆肥周期和产品质量。所以在堆肥过程中，主要影响因素是与微生物生长有关的因素，如C/N、填充剂、含水率、温度、通气条件、pH值等。

（1）C/N

在固体好氧堆肥中，糖类是微生物生长的能量来源之一。碳是堆肥化反应的能量来源，是生物发酵过程中的动力和热源；氮是微生物的营养来源，主要用于合成微生物体，是控制生物合成的重要因素，也是反应速率的控制因素。C/N比过高，会导致微生物因缺乏足够的氮而不能迅速生长，使堆肥进程缓慢；C/N比过低，又会使微生物生长过旺，甚至出现局部厌氧、散发臭味，同时大量的氮以氨气形式释放，降低堆肥质量。因此一般认为控制C/N在25～40更好。畜禽粪便的C/N一般为鸡粪3～10、猪粪11～15、牛粪11～30，均低于适宜的C/N。建议在畜禽粪便好氧堆肥中添加一定量的碳源。

（2）填充剂

作为碳源，填充剂必须具有良好的生化性能，如稻草、麦秆、木屑或稻壳。试验证明，新鲜猪粪堆肥中含有3%的切碎稻草（3～5cm）或4%稻壳时，可以获得较高的堆温，氮素利用和腐殖酸的保存率也最高。

（3）含水率

水分是维持微生物生长代谢活动的基本条件之一，水分适当与否直接影响堆肥发酵速率和腐熟程度，是影响好氧堆肥的关键因素之一，堆肥的最适含水率为50%～60%（质量分数），此时微生物分解速度最快。水分含量在40%～50%时，微生物的活性开始下降，堆肥温度也随之降低。在水分含量低于 20%时，微生物的活动基本停止。含水量超过 70%时，温度难以升高，有机物分解速率降低，由于堆肥物料中水分过多，阻碍了通风，造成厌氧状态，不利于好氧微生物的生长，还会产生硫化氢等恶臭气体。

（4）温度

温度是堆肥得以顺利进行的重要因素。堆肥初期，堆体温度一般与环境温度相一致，经过中温菌的作用，堆体温度逐渐上升。随着堆体温度的升高，一方面加速了分解消化过程，另一方面杀死了虫卵、病原菌及杂草籽等，使堆肥产品能够安全地用于农田。改变通气量和采用翻堆法可调节温度，由于许多微生物不能在过高温下生长，高温会影响发酵的速度，因此温度应尽量控制在65℃以下。

（5）供氧量

在堆肥过程中，氧气是有机物降解和微生物生长必不可少的物质。所以，保证良好的通风条件，提供足够的氧气是好氧堆肥过程正常运行的基本保证。通风可使堆层内的水分以水蒸气的形式散失，达到调节堆温和堆内水分含量的双重目的，避免后期堆肥温度过高。但在高温堆肥后期，主发酵排除的废气温度较高，会带走堆肥中的大量水分，使物料干燥，因此需考虑通风与干燥的关系。机械化堆肥的强制通风量为0.05～0.2m^3/（min・m^3）。

试验结果表明，鼓风通气和通气沟通气有利于有机残体物料的快速分解，转化成腐熟的有机肥；单一翻堆而不透气，不利于有机残体物料的分解。翻堆的次数以每1～2天翻堆1次为宜。尤其在没有其他通风措施的情况下，翻堆是控制通气量和温度的唯一方法，当堆温超过65℃或堆温下降时，必须进行翻堆。

（6）发酵剂

向堆肥中加入发酵剂（菌种）可以加快生物处理的速度，提高堆肥质量，试验证明，在畜禽粪便处理中，加入酵素菌、EM菌、玉垒菌或在原始材料中加入10%～20%含有大量菌种的腐熟堆肥，均能加快发酵速度。

（7）pH值

pH值是微生物生长的重要环境条件。在堆肥过程中，pH值有足够的缓冲作用，使 pH 值稳定在可以保证好氧分解的酸碱度水平。微生物的降解活动要有一个微酸性或中性的环境，通过调节微生物的pH值达到6.5左右，更有利于微生物的活动和氮素的保存。在pH值偏高或偏低的情况下应适当调整。

第 6 章

畜禽粪污生态处理技术

6.1 植物处理技术

6.1.1 人工湿地

（1）人工湿地的概念

人工湿地或人工绿地，是通过模仿自然生态状湿地（或绿地）的结构与功能，选择一定的地理位置和地形，根据人们的需求，经人为设计建造的，是 20 世纪 70 年代末发展起来的一种污水处理新技术。

人工湿地的概念有广义和狭义之分。广义的人工湿地是指人类为满足生产、生活、防灾、污水处理等目的的人工修建的湿地，如塘坝、鱼塘、水景、稻田、水库等。狭义的人工湿地主要是指人工湿地污水处理系统，是人工构建的、可控制的和工程化的湿地系统，它的设计和建造是通过优化组合湿地自然生态系统的物理、化学和生物作用来实现的。

人工湿地具有处理效果良好（对 BOD_5 的去除率可达 85%～95%，COD 去除率可达 80%以上），脱氮脱磷能力强（对 TN 和 TP 的去除率可分别达 60%和 90%），运转维护方便，基础工程和运行费用低（分别为传统二级活性污泥法工艺的 1/10 和 1/2），以及对负荷变化适应性能力强等特点。尤其适合于技术管理水平不是很高、有充足废弃坑塘洼地或土地的乡村地区，适用于中、低浓度畜禽粪污的处理。自 1974 年德国人首先建造人工湿地污水处理系统以来，这项技术在欧洲许多国家得到应用，并在美国、加拿大等国快速发展起来。

（2）人工湿地的构造与类型

人造湿地是一种类似于沼泽的人工建造和监控的土地，它利用自然生态系统中的物理、化学、生物三重协同作用，达到净化污水的目的。该湿地系统是以一定长宽比和坡度的洼地为基础，由土壤和一定的坡度混合结构的填料床（如砾石等）构成，污水可在填料床床体的填料缝隙内流动，或在床体表面流淌，并在床体表面种植一些处理性能好、存活率高、耐水性强、生长周期长、美观且有经济价值的水生植物（如芦苇等），形成独特的植物生态环境景观，从而实现对污水的净化处理。当床体表面种植芦苇时，则常称其为芦苇湿地系统。

在湿地系统的设计工程中，应尽量提供填料床内水流的曲折性以增加系统的稳定性和处理能力。在实际设计过程中，常把湿地设计成多级串联、并联运行，或附加一些必要的预处理、后处理设施而构成完整的污水处理系统。

人工湿地根据其中主要植物的形式可分为浮游植物系统、挺水植物系统和沉水植物系统三种类型。而目前还处于实验室研究阶段的沉水植物系统，主要应用在初级处理和二级处理后的深度处理。浮游植物主要用来去除氮、磷，提高传统稳定塘效率。现在一般所说的人工湿地系统都是指挺水植物系统。根据污水流经的方式，挺水植物系统可分为三种类型：地表流湿地、潜流湿地和垂直流湿地。

① 地表流湿地（surface wetland，SFW）。最接近自然湿地，其水面位于湿地填料表面以上，水深一般为 0.3～0.5m，水流呈推流式前进。在湿地进口处，污水以一定的速度缓慢流过湿地表面，一部分污水蒸发或渗入地下，出水通过溢流堰流出。这类湿地靠近水表面为好氧层，深部和底部一般为厌氧层。

② 潜流湿地（subsurface wetland，SSFW）。也称渗滤湿地、水平流湿地。潜流型人工湿地分为进水区、过滤区、出水区，过滤区的填料层称为滤料层。在潜流型人工湿地的进水区，由粒径从大至小的砾石及砂粒填充，粒径宜为 6～16mm，可减少填料堵塞的概率，从而延长人工湿地的运行周期；出水区应相反进行，沿水流方向铺设粒径从小到大的填料，颗粒粒径宜为 8～16mm。潜流型人工湿地过滤层厚度宜大于 50cm。

③ 垂直流湿地（vertical flow wetland，VFW）。综合了地表流人工湿地和潜流型人工湿地的特征。单侧垂直流人工湿地的水流通常是下流的，污水流经床体后由铺设在出水端底部的集水管收集，然后经处理系统排放。垂直流人工湿地一般采用间歇式进水法。相对于水平潜流湿地，其作用在于提高了氧向污水及基质中的转移效率，氧可通过大气扩散和植物传输进入人工湿地系统，其硝化能力高于潜流型人工湿地，可用于出库氨氮含量较高的污水。由于其表层为渗透性良好的砂层，水力负荷一般较高，其缺点是对有机物和悬浮物的去除能力不如潜流型人工湿地，落干或淹水时间较长，控制相对复杂，基建要求较高，夏季易滋生蚊蝇。复合垂直流人工湿地由两个底部相连的池体组成，污水在垂直方向流入另一池体后流出（向上）/排出（向下）复合垂直流人工湿地，可选用不同植物多级串联使用，通过增加污水停留时间和延长污水的流动路线来提高人工湿地对污染物的去除能力。该类型湿地常采用连续运行方式，具有较高的污染负荷。

（3）人工湿地的净化机理

人工湿地（人工绿地）处理系统是以一般绿地为基础，通过特殊结构设计，采用具有一定长宽比的生态模块。通过模块内基质、植物、微生物之间的相互作用，在自然生态系统中通过物理、化学和生物三者的协同作用，实现污水的净化处理。

其物理作用主要有沉淀、介质过滤、粒子吸附等。化学作用主要有磷或其他重金属与其他组分形成难溶性沉淀，介质表面或植物表皮对磷、重金属、难溶有机物的吸附，因紫外辐射、氧化还原反应使稳定性差的有机物发生分解等。生物化学作用主要有微生物代谢、植物代谢、植物吸收等。

① 悬浮物的去除。畜禽废水中不溶性的 BOD_5 和悬浮物的去除主要依赖于人工湿地填料的吸附、过滤作用和不溶性 BOD_5 及悬浮物本身的沉淀。研究结果表明：污水中不溶性的 BOD_5 可在人工湿地进水的 5m 以内得到快速去除，悬浮物可在进水的 10m 以内去除 90%，但由于人工湿地的处理能力是有限度的，所以人工湿地设计和水力停留时间要适当。可溶性的 BOD_5 及悬浮物的去除主要依靠湿地中植物的根系及根系周围的生物膜的吸附作用以及湿地中微生物的分解代谢作用。

② 有机物的去除。污水中悬浮状态和胶体态的不溶性有机物通过人工湿地时被截留下来，附着在填料上形成生物膜表面，为微生物所利用。污水中的可溶性有机物可分别由根区附近的好氧微生物、远离根区的缺氧微生物和厌氧微生物同化，表面为微生物的增殖。增殖的微生物通过湿地床填料的定期更换或者对湿地植物的收割而去除。

③ 氮的去除。污水中的氮主要通过两种途径来去除：污水中的无机氮可以作为植物生长过程中不可缺少的营养元素，直接被湿地植物吸收，用于植物蛋白等有机氮的合成，最后通过植物的收割而将其从污水和湿地中去除；湿地中氧的分布是以根系为中心，不同距离处形成好氧—缺氧—厌氧状态，相当于在湿地中存在许多 A^2/O 处理反应器，从而使硝化和反硝化作用在湿地中同时发生，大大提高了脱氮效率。

④ 重金属离子的去除。在人工湿地系统中，重金属离子可以通过植物的富集和微生物的转化来降低其毒性。植物的根系能直接吸收水溶性重金属。微生物与重金属具有很强的亲和性，当重金属被富集贮存在细胞的不同部位或被结合到胞外基质后，通过微生物代谢，这些离子可形成沉淀或被螯合在可溶性或不可溶性生物多聚物上，最终达到从污水中去除的目的。微生物还能够改变重金属的氧化还原形态。如某些细菌对 As^{3+}、Fe^{2+}、Hg^{2+} 和 Se^{4+} 等有还原作用，而有些细菌对 As^{3+}、Fe^{2+} 等有氧化作用，金属离子价态的变化有可能会引起稳定性的改变。

⑤ 细菌的去除。在人工湿地系统中，沉积、紫外线照射、化学分解、自然死亡和浮游生物的捕食等都可使细菌被去除。

⑥ 磷的去除。人工湿地除磷主要是通过湿地中填料的固磷作用、植物和微生物的协同作用来完成。填料的固磷作用主要包括化学沉淀、吸附作用等。化学沉淀主要是指可溶性磷酸盐与填料中 Ca、Mg、Fe、Al 等金属离子发生反应，形成这些金属的磷酸盐沉淀。吸附作用主要包括固体表面的物理吸附和离子交换形式的化学吸

附，主要由填料的表面积和活性基团所控制，一般认为磷酸根离子主要通过配位体交换而被吸附停留在填料和土壤的表面。以上沉淀或者吸附反应的产物最终沉淀或者吸附在填料内，从而使填料内这些元素的含量急剧升高，数年之后可以达到进水浓度的10～10000倍以上，此时需要更换人工湿地的填料，以保证湿地持续除磷效果。

处理工艺流程：污水→粪池→预（或初级）处理系统→人工湿地处理→后处理系统→排放。

(4) 人工湿地植物的选择

目前，全球已发现的湿地高等植物将近7000种，有处理湿地及产生效果的只有数十种湿地植物，有许多植物还没有在试验中尝试过。目前国际上公认的有宽叶香蒲、芦苇、水葱、美人蕉等淡水水生植物优势品种。人工湿地植物的选择应符合以下几点要求。

① 适合当地水质和气候环境，优先选择本土植物。人工湿地选择的植物必须适应当地的土壤和气候条件，否则很难达到理想的处理效果。只有适应环境且具备一定处理能力的湿地植物才能作为选择对象。适应能力考察的指标主要包括耐污染性、耐盐性、抗寒性、抗病虫害和抗有毒物质能力等。

② 根系发达，输氧能力强。人工湿地中植物的作用机理主要有直接吸收污染物、分泌植物激素和改善介质水力条件等。根区的丰度、表面积、生物量、季节变化等因素对污水处理有重要影响。水生植物的净化功能与其根系的发达程度和茎叶生长状况（密度和速度）密切相关，因此选择水生植物时，必须充分考虑根系状况。

③ 去除污染效果好并有一定的景观效果。耐污性强和去污效果好是选择湿地植物的首要原则。湿地系统应根据污水性质选择不同的湿地植物，如选择不当，可能会导致植物死亡或者去污效果不好。此外，对人工湿地植物应当从群落配置、合理布局、审美价值等方面进行选择和配置，以达到良好的景观效果。

④ 容易管理和生长，具有一定经济价值和观赏价值。当去除效率相同、耐受力相仿时，优先选择生长量小的物种，有利于管理和减小二次污染。从一定的经济价值出发，可以实现多种经营、经济可持续发展的生态工程管理模式。

(5) 人工湿地的设计及运行

人工湿地污水处理技术还处于开发阶段，尚没有比较成熟的设计参数，设计仍以经验为主。由于不同地区的气候条件、植被类型以及地理情况等的不同，对于某一特定畜禽废水，先经小试或中试取得有关数据后再进行人工湿地设计。设计时要考虑不同水力负荷、有机负荷、结构形式、布水系统、进出水系统、工艺流程和布置方式等影响因素，还要考虑所栽种的植物特点等。例如芦苇湿地系统，处理生活污水时，一般设计深度在 0.6～0.7m；处理较高浓度有机污水时，其设计深度在 0.3～0.4m。为了确保湿地的有效利用，应当在运行初期降低水位，使植物根系向填料床的深度方向生长。湿地床的坡度一般在 1%或稍大些，最高可达 8%。详细的设计应根据选定的填料来确定。例如，对以砾石为填料的湿地床，其底坡度为 2%。

在设计人工湿地系统时，应尽可能增加湿地系统的生物多样性。随着生态系统物种越多，结构组成的复杂性增加，系统的稳定性也随之提高，从而更好地抵抗外界干扰，提高了湿地系统的处理能力和使用寿命。人工湿地中常用的植物有芦苇、席草、大米草、水花生和稗草等，以芦苇最为常见。芦苇种植可采用播种和移栽插种的方法，一般移栽插种比较经济、快捷。

例如，浙江省宁波市镇海区里洞桥生态养殖小区日产污水量 60t/d，采用新型高效厌氧塘、兼性塘、藻菌共生塘组合式稳定塘工艺及人工湿地工艺相结合，处理工艺如下：畜禽污水→沉淀池→高效厌氧塘→兼性塘→藻菌共生塘→人工湿地→排放。

兼性塘内装填有淹没式弹性立体填料，装填密度 30%，废水有机物在兼性塘内进一步被降解，而且通过自身的硝化、反硝化，氨氮被降解。藻菌共生塘中通过光合作用生长了大量的藻类，利用细菌的降解作用使有机物转化为 CO_2 和 H_2O，利用藻类的食物链降解氨氮和磷酸盐，微生物群落主要有藻类、菌类、原生动物、后生动物、水蚤等。人工湿地采用潜流型湿地处理系统，上面种植芦苇，芦苇床由上、下两层组成，上层为土壤，用芦苇等耐水植物种植在土层上，下层是根层，在易使水流通的介质中放置粒径较大的砾石、炉渣等。水质处理效果为 COD_{Cr} 去除率 94.6%，BOD_5 去除率 98.1%，SS 去除率 93.8%，氨氮去除率 98.6%，总磷去除率 94.4%。水质处理效果见表 6-1。

表 6-1　水质处理效果

指标	进水沉淀后	高效厌氧塘		兼性塘		藻菌共生塘		人工湿地	总去除率
COD_{Cr} /（mg/L）	3500	700	去除率 80%	630	去除率 10%	315	去除率 50%	189	94.6%
BOD_5 /（mg/L）	2000	200	去除率 90%	160	去除率 20%	64	去除率 60%	38.4	98.1%
SS /（mg/L）	1000	400	去除率 60%	200	去除率 50%	200	去除率 0	62.5	93.8%
氨氮 /（mg/L）	500	200	去除率 60%	180	去除率 10%	72	去除率 60%	7.2	98.6%
总磷 /（mg/L）	100	70	去除率 30%	70	去除率 0	28	去除率 60%	5.6	94.4%

工艺特点如下。

① 利用多级稳定塘及人工湿地处理高浓度有机废水，出水水质可确保达标。

② 充分利用太阳能，运行成本极低。

③ 一次性投资少，无污泥产生。

④ 稳定塘系统具有较强的抗冲击能力。

⑤ 湿地系统具有较强的脱氮、除磷、脱色功能。

6.1.2 微藻培养

（1）微藻的概念

微藻指的是只有在显微镜下才能分辨其形态的藻类，是一类自养型植物，在大自然中广泛存在。在其生长发育中，以 CO_2 和碳酸盐为碳源，以环境中的氮为氮源，并且能以无机磷酸盐为磷源，通过藻类细胞中的叶绿素进行光能自养，从而可以进行细胞增殖，并且光合作用可以释放氧。

畜禽废水中含有丰富的碳、氮、磷等营养元素，为微藻生长提供了充足的养分。利用微藻培养的畜禽废水处理技术与其他技术相比具有独特的优越性。微藻具有生长速率快、生长周期短、光合效率高、对氮磷耐受力强、产油脂量高和无二次污染等特点。藻中富含的酯类和甘油是制备液体燃料的良好原料；微藻热解制备的生物质燃油热值高，是木材或农作物秸秆的1.4～2倍。微藻最大的可利用之处在于其干细胞中含有微藻油70%以上，是亚临界生物技术合成生物柴油的最佳原料，是理想的可再生能源。

（2）微藻类型的选择

开展大规模微藻培养时需要大量的水资源以及营养素（氮和磷），如果只靠淡水培养藻类，会消耗大量的水资源，同时氮肥和磷肥的使用也会增加培养成本。利用含有营养成分的废水培养微藻，不但能大大降低微藻培养成本，而且能同时去除废水中的氮、磷，降解有机物和吸附重金属，环境效益和能源效益显著。

微藻净化畜禽废水的前提条件是选择在畜禽废水中生长能力强的微藻。筛选出的微藻菌株必须具有高产率、高含脂量、抗污染能力强、能适应环境变化的特点。研究表明，适合在污水中生长的高含油藻种有小球藻、栅藻、布朗葡萄藻、盐藻、螺旋藻等几种类型。小球藻是绿藻小球藻科中的一个重要属，可以在不同的环境里生长。

有研究者利用含油小球藻分别进行了净化粪便污水、猪场废水、牛场废水、发酵污水、牛奶废水等的研究，发现试验所用小球藻在高效净化废水的同时，藻体也积累了大量的油脂，油脂含量为 25.68%～51.4%，脂肪酸组分含量符合生物柴油生产的原料要求标准。栅藻是一种耐污性高的微藻品种，由于对氮、磷的利用率高以及生长快速、高生物量产率等特点，也经常被用于废水培养的试验研究。程海翔利用栅藻对猪场废水进行处理，发现其对废水中氨氮、总氮、总磷的去除率均在 85%以上。除小球藻和栅藻外，也有学者进行了布朗葡萄藻、盐藻、螺旋藻等含油微藻处理废水的研究。微藻种类繁多，应因地制宜，在不同地区筛选出适合畜禽养殖废水处理的藻种，丰富微藻资源库。

（3）微藻的经济价值

从微藻生物质中可以提取 3 种主要成分：油脂（包括三酰甘油酯和脂肪酸）、糖类及蛋白质。油脂和糖类是制备生物能源（如生物柴油、生物乙醇等）的原料，蛋白质可以用作动物和鱼类的饲料。

马浩天等研究了埃氏小球藻对鸡场废水中污染物以及总脂积累量的影响。结果显示，埃氏小球藻在稀释了 4 倍的鸡场废水中能够迅速生长，可以去除 80%的 TN 和 75%的 TP，油脂积累量最高可达 34.6%。以牛粪液作为培养基培养小球藻生产生物柴油，得到了 25.65g/m^2 的最大生物量以及 2.31g/m^2 的脂肪酸产量。并且收获后附着在泡沫上的微藻作为种子再次进行培养，能得到更高的藻生长量，油产量达到了 2.59g/m^2，总氮和总磷的去除率分别达到了 61%～79%和 62%～93%。以猪场废水培养蛋白核小球藻（*Chlorella pyrenoidosa*），生物量生产效率达到 5.03g/（m^2·d），油脂含量 35.9%，油脂生产效率 1.80g/（m^2·d），藻类对 NH_4^+-N、TP、COD 去除率分别达到 75.9%、68.4%和 74.8%。对 Zn^{2+}、Cu^+、Fe^{2+}去除率达到 65.71%、53.64%、58.89%。

由于微藻具有固定 CO_2、能吸收氮和磷作为生长养料等特点，以沼液作为藻类培养基，通入脱硫后的沼气，可同时实现沼液、沼气提纯和生物质能藻类增殖。例如，用猪场废水沼液培养斜生栅藻（*Scenedesmus obliquus*），沼液中 COD、总氮、总磷去除率达到 61.58%～75.29%、58.39%～74.63%、70.09%～88.79%，沼气中 CO_2 去除率 54.26%～73.81%。

（4）沼液养藻存在的问题

采用沼液养藻还存在一些问题。一是藻类在沼液培养基的生长（0.01～0.8d^{-1}）比合成培养基（1～3d^{-1}）慢，主要是因为沼液中溶解性和悬浮性物质产生的浊度影响光辐射。目前主要采用沉淀、微滤、离心等方法去除颗粒物质。二是氨抑制，微藻以氨氮为氮源，但是高氨浓度会有抑制作用，原壳小球藻（*Chlorella protothecoides*）在氨氮 80mg/L 以上就受到抑制，栅藻（*Scenedesmus* spp.）的最大氨氮耐受浓度为 100mg/L。因为沼液中氨氮浓度为 500～1500mg/L，所以一般需要稀释到 20～200mg/L。三是有机物的影响，沼液少量溶解性有机物会促进异养菌的生长，也有可能导致细菌污染。

有学者利用鸟粪石沉淀技术预处理沼液，取得了良好的预处理效果。优化了鸟粪石沉淀条件，通过添加 KH_2PO_4 和 $MgCl_2$ 将 N:P:Mg 比例调解到 1:1.2:1.2，在搅拌过程添加 NaOH 调节 pH 值到 8.5 后停止搅拌。鸟粪石沉淀在降低沼液中的铵态氮的浓度的同时通过絮凝作用提高沼液的透光率，有利于微藻的生长。鸟粪石沉淀沉淀后上清液用于胶网藻的培养，在培养箱中胶网藻的生物质的生产力可以达到 120～200mg/（L·d）。粪污或其沼液培养生产的藻类还可以作为沼气发酵的原料。牛粪水培养色球藻（*Chroococcus* sp.1），获得了 80%以上的营养物去除，产生的藻类再与牛粪共发酵，获得了甲烷产率 291.83mL/g（以 VS 计）（C/N 为 13.0），而单独藻类的甲烷产率只有 202.49mL/g（以 VS 计）（C/N 为 9.26），单独牛粪甲烷产率 141.70mL/g（以 VS 计）（C/N 为 31.56）。以 100 头成年奶牛场粪污处理进行测算，每天可以产能源 333.79～576.57kW·h/d。

利用废水或沼液进行微藻培养，目前技术尚不成熟，还有许多问题有待解决。首先，一些废水或沼液中存在大量抑制微藻生长的有害物质，不能直接用于微藻的培养，需要对其进行预处理。其次，微藻在处理废水后，很难与废水或沼液分离。最后，并非所有微藻都能在废水或沼液中生长，所以需要通过筛选、诱导出生长率高、嗜污能力强的藻种。此外，由于微藻培养和生物柴油制备的过程中资源消耗高、能源回报低，也有学者认为微藻产油的评估过于乐观，实际产率仅为理论值的 10%～30%。这些因素限制了微藻生物燃料的商业化应用。

6.2 生物处理技术

6.2.1 蝇蛆的培养与利用

（1）蝇蛆培养的优点

蝇蛆是苍蝇的幼虫，粗蛋白含量高达 56%，脂肪占 13%，糖类占 3%。苍蝇有惊人的繁殖力和丰富的营养物质，除作为优质蛋白饲料外，还可开发医药、保健、生化、农药及化工等产品。据测定，干蝇蛆粉中含有 59%～65%的粗蛋白质、12%的脂肪、43.83%的氨基酸，是鱼粉的 3.3 倍。使用蝇蛆作蛋白质饲料，可作为鱼粉饲喂畜禽和水产动物，既能减少环境污染，又能为我国畜禽养殖业提供所需的高蛋白饵料。蝇蛆可以消耗畜禽粪便和餐厨垃圾等废弃物，无须经过复杂处理就可以转化为有机肥料或沼气原料。

（2）蝇蛆笼养技术

① 种蝇饲养。种蝇房要求室内空气新鲜，温度保持在 24～30℃，相对湿度 50%～70%，每天满足 10h 以上的光照时间。

蝇笼制作用粗铁丝或竹木条做成长、高、宽各 50cm 的正方形蝇笼，外罩塑料纱网，其中一面留一个直径 20cm 的操作圆孔，孔口缝接 30cm 的布筒，平时扎紧。笼架上主体放 3 层蝇笼，每笼养种蝇 10000～15000 只。

种蝇来源，首批无菌蝇可从示范基地引进，也可用野生蝇自行培育。

培育方面，将蛆培育成蛹或将挖来的蛹经灭菌后，挑选个大饱满者（不要大头蝇）放进种笼内羽化成无菌蝇种。

饲养方面，笼养的目的是让雌蝇集中产卵。笼内放 4 种功能各异的盘或缸。

水盘专供种蝇饮水，每天一换。

食盘用无菌蛆浆、红糖、酵母、防腐剂、水调成的营养食料，每天一换。

产卵缸内装兑水的麸皮和引诱剂混合物，以引诱雌蝇集中产卵，每天将料与卵移入幼虫培育盒内后更换新料。

羽化缸专供苍蝇换代时放入即将羽化的种蛹。

② 种蝇淘汰。采用全进全出养殖法，将 20 日龄的种蝇全部处死，然后加工成蝇粉备用。蝇笼经消毒等处理后用于培育下一批新种蝇。

③ 蛆的饲养。育蛆房温度保持在 26～35℃，湿度 65%～70%，可在室内备育蛆架、育蛆盆、温湿度计及加温等设施。幼虫怕光，不需要光照。

育蛆盆内先装入 5～8cm 厚、以禽畜粪为主配成的混合食料，湿度 65%～75%，然后按每千克食料放入 1g 蝇卵的比例，经 8～12h 卵孵化成蛆。1kg 猪粪可育蛆 0.5kg。

蛆经 5 天的养育即成熟，除留种需化成蛹外，作饲料之蛆应收集利用。采用“强光筛网法”或“缺氧法”迫使其逃离食料进行分离。鲜喂后，多余蝇蛆经烘烤加工成蛆粉后可替代鱼粉配制混合饲料。

④ 蛹种选留。蛆化成蛹后用筛网进行蛹料分离，然后挑选个大饱满者留种。暂

时不用的蛹可放入冰箱内存放15天。

(3) 蝇蛆处理畜禽粪便研究情况

戴洪刚等对利用蝇蛆对畜禽粪便进行了处理试验。采用集约型规模化生产设施，通过工程化技术手段，实行紧密衔接的操作工序，重点供应蝇蛆滋生物质，连续生产蝇蛆蛋白。其生产工艺采用种蝇饲养和育蛆两道车间工序，组成一体化的生产程序，种蝇严格采取笼养，商品蛆成批生产、批量收集处理。采用蝇蛆处理畜禽粪便中的有机物，消除畜禽对环境的污染，优于常规处理方法。具体表现在：投资少、见效快；工艺简单、操作方便；经济效益、环境效益高。刘效强等研究用禽畜粪饲养家蝇幼虫，观察幼虫发育历期、蛹重、羽化率，利用温室大棚辅助蝇蛆生物反应器，将动物排泄物转化为腐熟度高、稳定性好且养分充足的有机堆肥，并可获得大量高附加值的蝇蛆蛋白。得出结论：鸡粪、猪粪是较理想的饲料，在农村易于获得，牛粪可能因其营养物质不足，饲养效果并不理想。禽畜粪均存在随着密度增加，家蝇幼虫发育历期延长的现象。密度小于400只/180g（以禽畜粪计）时营养充足，有利于幼虫生长发育。此外随着粪高度的增加，家蝇幼虫发育历期延长，高度低的水分容易散失，造成后期无法生长。

近年来，尽管经过许多研究者和企业的共同努力，蝇蛆生物转化畜禽粪污生产蝇蛆蛋白和有机肥的处理工艺取得了很大进展，但是与规模化畜禽养殖相配套的产业化应用和推广还存在一定的问题。据余桂平等的研究，一是蝇卵活性保存和运输技术缺乏，利用蝇蛆转化畜禽养殖固体废物工艺的企业需要各自建立蝇种房，不仅投资成本提高，而且技术要求高，限制了该工艺的推广。二是蝇蛆蛋白规模化生产技术还比较落后，机械化程度低，耗时长，成本高，作为饲料蛋白，在价格上与进口鱼粉并无竞争优势。三是蝇蛆干燥缺少专用设备，烘干和干蛆质量依赖工人经验，容易导致蛆干焦化，造成较大损失，这也是目前蝇蛆生产成本较高的一个重要因素。因此，如何降低畜禽养殖粪污蝇蛆生物转化成本、扩大蝇蛆应用范围和加工利用途径，是实现蝇蛆生物转化技术产业化、大规模推广的迫切需要。

6.2.2 蚯蚓的培养与利用

(1) 蚯蚓培养的优点

蚯蚓可将废弃物中的有机物变成腐殖质而用于堆肥。蚯蚓消化道中含有蛋白质酶、脂肪酶、纤维素酶、甲壳酶、淀粉酶等，对绝大多数有机废物具有很强的吞噬能力，经蚯蚓处理后，其质量减量最高可达 69.8%，生物降解率高达 75.0%，处理后的蚯蚓粪，速效氮、速效磷和速效钾含量指标均处于高水平，是一种高效的有机肥。生产的蚯蚓可作为药材、饵料、饲料资源用。蚯蚓粪是一种黑色、质地轻、肥分高、营养全面且比表面积和孔隙率很高的均匀颗粒状固体，具有很好的孔性、通气性和排水性，能有效地改善土壤结构、提高土壤肥力，是优质的土壤改良剂。同时，蚯蚓粪还含有丰富的有益微生物，对于畜牧业养殖所产生的臭气具有高效的吸附作用，减少大气污染。

(2) 蚯蚓饲料及基料的配制

蚯蚓养殖有"基料"和"饲料"之分。蚯蚓的养殖成功与失败，饲养基制作的好坏起着决定性作用，饲养基是蚯蚓养殖的物质基础和技术关键，蚯蚓繁殖的快慢很大程度上取决于饲养基的质量。

① 基料。基料是蚯蚓的基本生存材料，它是蚯蚓的栖息地，也是蚯蚓的取食之地。所以，基料要求发酵腐熟，适口性好，具有细，烂，软，无酸臭、氨气等刺激性异味，营养丰富，易消化等特点。适宜的饲养基料松散，干湿度适中，无白蘑菇菌丝等。

基料的堆制方法如下：畜禽粪便（粪肥）占 60%，各种植物秸秆杂草、树叶（草料）占 40%，鸡、鸭、羊、兔等粪便（氮素饲料）不宜单独使用，不宜超过各种畜禽粪料的 1/4。草料须切成 10～15cm 长，干粪及工业废渣等块状物料应大致拍散（有毒物质不能使用）。然后堆制，先铺草料后铺粪料，草料每层 20cm，粪料每层厚 10cm，堆制 6～8 层约 1m 高，长度、宽度不限，料堆松散，不能压得太紧。做成圆形或方形的料堆后，在料堆上慢慢喷水，直到四周有水流出停止，用稀泥封好或用塑料布覆盖。料堆一般在第二天开始升温，4～5 天后温度可升到 60℃以上，冬季早晚可见"冒白烟"。10 天后进行翻堆，第 2 次重新制堆。即上层翻到下层，四边的翻到中间。把料抖散，把粪料和草料拌匀。发现有白蘑菇菌丝说明堆料过干，需加水调制。10 天后再翻堆，进行第 3 次重新制堆，基料经过 1 个月的堆制发酵即可腐熟。堆腐过程大致分为三个阶段。

a．前熟期（糖料分解期）。基料堆制好喷水，3～4 天内，糖类、氨基酸被高温微生物利用，温度上升到 60℃以上，大约经 10 天，温度开始下降。前熟期（糖料分解期）完成。此时可翻堆进行第 2 次制堆。

b．纤维素分解期。第 2 次制堆后添加水分，使水分保持在 60%～70%，纤维细菌开始分解纤维素，10 天后即可完成。此时可再次翻堆，进行第 3 次制堆。

c．后熟期（木质素分解期）。第 3 次制堆后，加水封堆开始进行木质素分解。

此期主要是蘑菇菌参与分解。发酵物质为黑褐色细片，木质素被分解。在发酵的过程中，各种微生物交互出现、死亡，微生物逐渐减少，死亡的微生物遗体也成了蚯蚓的好饲料。这时基料的全部发酵过程已经完成，可以进行饲养基的鉴定和试投。

饲养基腐熟标准是：黑褐色、无臭味、质地松软、不黏滞，pH 值在 5.5～7.5。饲养基投放时，为了稳妥起见，可用 20～30 条蚯蚓做小区试验。投放进去的蚯蚓 1 天后无异常反应，说明基料已经泡制成功，如发现蚯蚓有死亡、逃跑、身体萎缩或肿胀等现象，应查明原因或重新发酵。如来不及发酵，也可以在蚓床的基料上再加一层富含腐殖质的菜园土或山林土等肥沃的土壤为缓冲带。将蚯蚓放在缓冲带上，等到蚯蚓能够适应，且大部分进入下层的基料时，再将缓冲带撤去。

② 饲料。制作基料所用的植物茎叶、秸秆，以及能直接饲喂蚯蚓的烂瓜果、洗鱼水、鱼内脏等甜、腥味等物，各种畜禽粪便如猪粪、鸡粪等均是喂养蚯蚓的良好饲料。但在配制时蛋白质不可过高，因蛋白质分解时会产生恶臭气味，口感不好，影响蚯蚓采食，给蚯蚓的生长和繁殖造成不良影响。饲料配制比例与基料基本相同，粪料占 60%，草料 40%，其中鸡、鸭、羊、兔粪便等氮素饲料少于其他粪料，以不超过 1/4 为宜。

（3）蚯蚓养殖方法

可采取露天堆肥养殖，方法是将未经发酵的牛粪、马粪、猪粪堆在空闲地上，做成高 15～20cm、宽 1～1.5m、长度不限的畦条，然后放入蚓种，盖好稻草，遮光保湿，就可养殖。

（4）蚯蚓处理畜禽粪便研究情况

1973 年日本学者前田古颜培育了一种繁殖能力、适应能力都很强的赤子爱胜蚓（商品名大平 2 号）。通过培育赤子爱胜蚓，使得人工养殖蚯蚓并利用这些蚯蚓处理畜禽粪污的技术得到了飞跃性的发展。Haimi 等学者最早在 1981 年就开始在实验室研究用蚯蚓处理畜禽粪便。1990 年，胡秀仁等研究表明，经蚯蚓处理后，生活垃圾可以转变为优质的有机肥料。1993 年，孙振钧等对蚯蚓人工养殖进行了深入且系统的研究，得出了比较适宜的蚯蚓养殖基料。2002 年，仓龙等将目光转向蚯蚓处理畜禽粪便时的最佳含水率和最适接种密度。

近几年，蚯蚓处理的畜禽粪便研究主要集中在牛粪、鸡粪和猪粪，研究的主要内容是不同 C/N、添加剂（如过磷酸钙、氯化钾和尿素等）和粪便的腐熟程度对蚯蚓生长繁殖的影响等。蚯蚓堆肥有其独特的优点，但蚯蚓对环境敏感，对不同畜禽粪便等有机废物有所偏好。例如，马志琪等选用赤子爱胜蚓品种，研究蚯蚓采食处理畜禽粪便（牛粪、猪粪、兔粪和鸡粪）的效果。试验结果表明，较高的 C/N（牛粪和兔粪）能提高蚯蚓采食选择性和繁殖，有机质含量和C/N较低的畜禽粪便（鸡粪）降低蚯蚓采食性和繁殖性能。以蚯蚓生物转化牛粪和兔粪效果最佳，猪粪次之，鸡粪最差。李艳华等通过盆养和堆肥自由选择试验，就平菇废菌渣搭配猪粪、牛粪饲喂蚯蚓的生长和繁殖效果及蚓粪肥效开展了相关研究。结果表明：猪粪和牛粪在平菇废菌渣基质中的搭配能显著提高蚯蚓的生长繁殖效率，其中20%的猪粪和40%的牛粪质量配比最适宜蚯蚓的生长与繁殖。饲喂蚯蚓后，各组基质的有机质和碳氮比均大幅度下降，除40%牛粪组中的全氮含量未有显著变化，20%猪粪组全氮含量有显著降低外，各基质组中的全氮、全磷、全钾和速效氮、速效磷、速效钾的含量在蚯蚓消解后均有显著提高。蚯蚓体内未检测出汞、铅、铜和锌等重金属含量，基本符合饲用安全标准；蚯蚓粪经适当调制后适宜做优质有机肥。

宁波市鄞州区姜山金鳌山生态蛋鸡养殖场，利用牛粪养殖蚯蚓，又以蚯蚓喂养蛋鸡已取得成功，经济效益、社会效益和生态效益十分显著。广西某种猪养殖公司采用“高架网床+微生物”循环技术养猪。主要是通过猪粪发酵产生有机肥料来培养食用菌，而食用菌产生的肥料正是蚯蚓生长所需要的营养，之后再将蚯蚓产生的有机肥用来种植农作物，给种猪喂食蚯蚓，既能提高猪的身体抵抗力，又能降低人力成本，获得更多的经济收益。这也是一个可供参考的成功案例。

6.2.3 黑水虻的培养与利用

（1）黑水虻培养的优点

黑水虻是一种双翅目水虻科昆虫，能够以餐厨垃圾和畜禽粪便为食物，将有机废物转化为稳定的生物质和有机肥。黑水虻幼虫拥有丰富的蛋白质和脂肪，还含有丰富的必需氨基酸和微量元素，是联合国粮农组织推荐的饲用昆虫，被认为是优良的人畜蛋白来源，是一种理想的昆虫蛋白饲料。黑水虻具有繁殖迅速、生长周期短、食量大且杂、吸收转化率高、饲养管理方便、养殖效益较高和不侵扰人类生活等特点，可以进行规模化养殖和资源化利用。

黑水虻生长周期分为卵期、幼虫期、蛹期和成虫期，其中幼虫期（3～5龄期）是黑水虻处理畜禽粪便等有机废物的主要时期。黑水虻幼虫食量大且杂，生长迅速，能够有效处理猪粪、鸡粪及鸭粪等畜禽粪便，降低粪便中的水分、氮磷等有机物质以及砷、镉等重金属的含量，减少臭味，缩短堆积时间。黑水虻幼虫不仅能够对畜禽粪便进行减量化和无害化处理，还可对畜禽粪便进行资源化利用，生产出富含粗蛋白质（35%～48%）、粗脂肪（10%～39%）、维生素及矿物质的生物质，在一定程度上可以作为饲料原料用于畜禽养殖中。

（2）黑水虻养殖技术

① 孵化方法。养殖黑水虻时，需要在养殖场所中建立一个孵化池，再将收集到的黑水虻虫卵放入池中，等待2～4天，黑水虻就会孵化成功了，而且最好将同一天孵化的黑水虻幼虫集中在一起进行饲养，便于管理。

② 喂养方法。饲养黑水虻幼虫时，需要给其喂食发酵一天的麦麸，有利于幼虫采食，而且要定期向麦麸喷洒湿度，提高黑水虻的存活率，在黑水虻孵化一周后，即可给其喂食动物的粪便（如猪粪、鸡粪、鸭粪等）。

③ 饲养方法。饲养黑水虻时，如果环境过于干燥，或者温度较高，就会导致黑水虻缺水死亡，需要保证养殖场所内的温度和湿度，使室内的温度保持在25～30℃，新鲜畜禽粪便含水率为70%～75%，堆料厚度在10～15cm，养殖过程中分批次添加新鲜畜禽粪便，养殖8～10天，在黑水虻成虫化蛹之前，结束黑水虻对畜禽粪便的处理。

（3）黑水虻处理畜禽粪便研究情况

目前，关于黑水虻幼虫在畜禽养殖中的应用研究已取得较令人满意的研究结果。相关研究表明，适量的黑水虻幼虫应用于仔猪、生长育肥猪、生长兔、肉鸡、蛋鸡、火鸡、肉用鹌鹑、蛋用鹌鹑、番鸭及鹧鸪等畜禽的配合饲料中是可行的，对畜禽的生长与生产性能、畜产品品质没有不良影响，还能在一定程度上促进体内脂质代谢和肠道生理发育等。上述研究结果也表明，在畜禽饲料中，黑水虻幼虫粉替代部分大豆粕、鱼粉、血浆蛋白粉和玉米蛋白粉，以及黑水虻幼虫油替代部分大豆油和亚麻籽油在一定程度上是可行的。但也有研究指出，黑水虻使用量超过一定比例会对畜禽的生产性能、肠道生理发育，以及畜禽对饲料中营养物质的消化率产生一定程度的负面影响。

喻国辉等用猪粪牛粪鸡粪饲养黑水虻，黑水虻幼虫蛋白质均高于42%，粗脂肪含量大于31.4%。何钊等用豆腐渣饲养黑水虻，黑水虻幼虫蛋白含量可达52.3%。陈晓瑛等用黑水虻幼虫粉替代30%鱼粉用量饲养黄颡鱼不影响黄颡鱼幼鱼生长性能。张放等研究表明，干燥黑水虻虫粉可与豆粕和鱼粉蛋白原料混合饲育肥猪。杨树义等用发酵猪粪饲养黑水虻，转化后的虫沙营养成分均符合有机肥标准。李卫娟等研究表明，黑水虻虫沙对白菜生长性能具有良好的影响，可以作为优良的有机肥。但黑水虻幼虫中含较多的饱和脂肪酸和含有一定量的甲壳素，这在一定程度上限制了黑水虻幼虫在畜禽饲料中的使用剂量，因此黑水虻幼虫可进行适当脱脂，配合几丁质酶或产几丁质酶的枯草芽孢杆菌使用。

利用黑水虻对畜禽粪便进行集中处理,可以减少畜禽粪便堆积造成的环境问题,同时自身又可转化为具有高附加值的蛋白饲料。但目前仍存在一些技术难题，如冬季养殖问题、夏季养殖的温度控制、黑水虻和粪便的分离问题等。要实现黑水虻的规模化养殖问题，建立黑水虻粪便处理体系，开发黑水虻相关产品，还需进一步深入研究。

第 7 章

畜禽粪污氮磷回收再利用技术

7.1 氨氮废水的处理技术及研究现状

目前国内外对氨氮处理技术的研究主要集中在物化法、生物法、生物-物化结合法几大类上。

7.1.1 物理化学处理技术及研究现状

氨氮废水物理化学处理技术主要有石灰法、吹脱（汽提）法、吸附法、化学沉淀法等。其中应用最多的是结合石灰法使用的吹脱法。石灰法通过向氨氮废水中投加石灰可有效去除水中的氮、磷。石灰除氮的机理在于提高水的 pH 值，使氮以游离态氨形态逸出。反应如式（7-1）：

$$NH_4^+ \longrightarrow NH_3\uparrow + H^+ \tag{7-1}$$

将石灰投入废水中，使 pH 值提高到 11 左右，在解吸塔中将氨吹脱到大气中。但在寒冷的冬季，去除率将显著降低，只有 40%～50%，造成经济上不合理。有条件时应鼓入热风，维持解吸塔中温度在 20℃以上。同时石灰的加入也对除磷起到了一定作用。磷因为生成碱式磷酸钙沉淀而被去除，同时也会吸附在碳酸钙粒子的表面上一起沉淀。石灰与磷酸盐作用的反应如式（7-2）：

$$5Ca^{2+} + 4OH^- + 3HPO_4^{2-} \longrightarrow Ca_5OH(PO_4)_3 + 3H_2O \tag{7-2}$$

吹脱（汽提）法用于脱除水中溶解气体和某些挥发性物质。即将气体通入水中，使气和水相互充分接触，使水中溶解气体和挥发性溶质穿过气液界面，向气相转移，从而达到脱除污染物的目的。常用空气或水蒸气作载体，前者称为吹脱，后者称为汽提。空气吹脱法一般在碱性条件下进行，大量空气与废水接触，使废水中氨氮转换成游离氨被吹出，以达到去除废水中氨氮的目的。此法也叫氨解吸法，解吸速率与温度、气液比等有关。气体组分在液面的分压和液体内的浓度成正比。姜维等通过试验发现在 pH 11、气液比 1800、温度 25～35℃条件下，进水 NH_3-N 浓度 304.7mg/L 的皮革废水氨氮去除率可达到 78.1%～83.5%。

吸附法是利用多孔性的固体如活性炭、沸石、硅酸钙等将废水中的氨氮吸附在表面，再在适宜条件下利用特定溶剂使氨氮解吸的方法。郭婷等利用工业废弃物硅酸钙吸附废水中的 NH_3-N 和 COD，发现在 pH 7、振荡 75min、每 100mL 废水投加硅酸钙 17g 的条件下，焦化废水的 NH_3-N 去除率可达到 27.1%。

化学沉淀法是在碱性条件下向氨氮废水中投加镁的化合物和磷酸或磷酸氢盐，形成磷酸铵镁沉淀，俗称“鸟粪石”。X. Z. Li 等通过比较几种添加物组合，发现在 pH 9.0、投加 $MgCl_2 \cdot 6H_2O$ 和 $Na_2HPO_4 \cdot 12H_2O$、Mg∶N∶P 为 1∶1∶1 时，废水的氨氮去除率达到最高值 92%。

沸石是一种多孔性的非金属物质，比表面积为 400～800m^2/g，具有良好的吸附性能，常在 AD 过程中添加作为离子交换剂吸附厌氧发酵液中的 NH_4^+，来改善厌氧消化性能，在氨氮回收中也有大量使用沸石进行回收试验。在温国期等的试验中发现，天然沸石对厌氧消化液中的氨氮的吸附效率受吸附时间、氨氮初始浓度和沸石用量影响，在采用猪场厌氧发酵液时，初始消化液中氨氮浓度由 39.4mg/L 增加到 502.9mg/L，平衡吸附量由 0.63mg/g 增加到 3.20mg/g；进一步增加沸石的用量，可以提高氨氮的去除率，但是单位质量沸石的氨氮吸附量会随之降低。天然沸石经过改性处理后能够提高离子交换能力，在经过 5% HCl 浸提，400℃焙烧，结合微波处理后的沸石对氨氮的平衡吸附量为 17.9mg/g，是天然沸石对氨氮平衡吸附量(6.9mg/g) 的 2.6 倍。将天然的或以氯化钠处理过的澳大利亚沸石应用于猪粪厌氧消化过程中，沸石能够从培养基中吸附大量的 NH_4^+。

7.1.2 生物处理技术及研究现状

氨氮废水生物处理技术的原理是基于污水中的氮主要以有机氮或氨氮 (NH_3-N) 形式存在。有机氮可通过细菌分解和水解转化成氨氮。生物脱氮的基本原理是先通过硝化作用将氨氮氧化成硝化氮（NO_3^--N），再通过反硝化作用将硝化氮还原成无害的氮气 (N_2) 排出体系。硝化是污水中的有机氮在微生物的作用下进行好氧呼吸，经 NH_3 转化为 NO_2^-和 NO_3^-的过程，如式（7-3）～式（7-6）:

氨化　　有机氮 $\longrightarrow NH_3+CO_2+$小分子有机物　　(7-3)

亚硝酸　　$2NH_4^++3O_2 \longrightarrow 2NO_2^-+2H_2O+4H^+$　　(7-4)

硝酸　　$2NO_2^-+O_2 \longrightarrow 2NO_3^-$　　(7-5)

硝化　　$NH_4^++2O_2 \longrightarrow NO_3^-+H_2O+2H^+$　　(7-6)

反硝化过程如式（7-7）、式（7-8）:

同化反硝化　　$NO_3^- \longrightarrow NO_2^- \longrightarrow NO \longrightarrow N_2O \longrightarrow N_2$　　(7-7)

异化反硝化　　$NO_3^- \longrightarrow NO_2^- \longrightarrow X \longrightarrow NH_2OH \longrightarrow$ 有机氮　　(7-8)

生物法常用的有活性污泥法、缺氧-好氧生物脱氮法（A/O）、厌氧-缺氧-好氧工艺（A^2/O）、厌氧氨氧化等几类。所用生物为活性污泥或藻类。

活性污泥法是最常用的一种生物处理方法。它是通过培养驯化具有生物活性的微生物絮体，在好氧条件下微生物絮体吸附废水中的可溶性有机物、氨氮等作为生长繁殖的营养源，在代谢的同时将有机物氧化为 CO_2，最终达到净化废水的目的。生物法脱氮要求 C/N 满足一定的比例，根据 Xiaohui Lei 等，利用活性污泥进行硝化、反硝化反应的较适 C/N 为 4～5，而普遍情况下沼液的 C/N 为 1～3，直接采用生物法处理往往效果不佳。

A/O 法的原理是利用生物的反硝化/硝化作用脱氮，A^2/O 法是在 A/O 工艺的前端添加厌氧环节，先将难降解有机物降解为易氧化有机物，再通过反硝化/硝化作用脱氮的改进工艺。李思敏等通过改良 A^2/O 工艺处理低碳源生活污水可使 NH_3-N 去除率达到 90%以上。

厌氧氨氧化法是厌氧氨氧化菌在厌氧条件下以亚硝酸盐为电子受体，将氨氮氧化为氮气的生物反应过程。吴根义通过培养厌氧氨氧化菌为主体的污泥，在 HRT=24h 时处理 NH_4^+-N 浓度 490mg/L 的模拟养殖废水，NH_4^+-N 去除率可达到 85%以上。

生物电化学系统是可进行氨回收的有效技术。潜水式微生物脱盐池能够同时进行回收氨及从厌氧反应器中发电两个过程，在连续式搅拌反应器中氨的浓度可以在 30 天内从 6g/L 降至 0.7g/L，平均可以回收氮 80g/（m^2·d）。该工艺可以很容易地浸入现有的厌氧消化反应器内，大大降低建造、运营和维护成本。当微生物电解池和厌氧消化池耦合时通过增加挥发性脂肪酸（volatile fatty acids，VFAs）的浓度来模拟 AD 过程中的故障，以评估微生物电解池对 AD 反应器故障期间的稳定性，试验结果表明，在故障期间 NH_4^+从阳极到阴极室的扩散得到了增强，去除效率达到了 60%，厌氧消化-微生物电解池组合系统具有强大而稳定的配置，能够获得具有较低有机物和 NH_4^+-N 含量的废水。

7.1.3 生物-物化处理技术及研究现状

氨氮废水生物处理技术具有处理效果好、处理过程稳定可靠和操作管理方便等优点，然而，用生物法脱氮对入水水质有一定的要求，高浓度的氨氮对微生物活性有抑制作用，会降低生化系统对有机污染物的降解效率，从而导致出水难以达标排放，因此将生物法与物化法相结合使用是十分必要的。另外，氨氮作为一种污染物，如仅靠生物处理进行硝化或反硝化脱氮，必须外加碳源和改变碱度，造成处理费用偏高。因此，为了减轻生物处理的负荷，必须对氨氮废水进行预处理，而通常所采用的预处理方法即为吹脱法。

7.1.4 氨吹脱技术的研究现状

目前，从废水中去除氨氮的研究已经有很多，吹脱已被证明是对氨去除和回收十分有效的方法：空气被鼓入液体中将自由氨带入气相中，然后被吸收剂截获。已有试验证明最迅速的去除反应发生在高温、高气流速和高 pH 值的条件下。这些参数的重要性可以用 pH 值平衡和相转变理论解释：pH 值通过改变自由氨、挥发态氨和非挥发态的铵盐之间的平衡，在化学基础上优化了氨去除反应。温度也能改变平衡关系，温度上升会使自由氨的比重增大，同时，通过物理作用使自由氨的饱和蒸气压增大，从而增大氨挥发进入气相的驱动力。气流对自由/离子氨的平衡没有化学作用，但却能通过吹脱系统改变液相、气相间的接触面积，气流的增加会使得反应速率增大。

近年来，氨吹脱技术在污水脱氮处理方面已得到广泛应用，如皮革废水、尿素废水、石油污染地下水、垃圾渗滤液、印刷废水、冶炼废水、养殖废水等，但将氨吹脱技术用于牛场沼液脱氮方面的研究还较少。

Bonmati 等通过试验证明，由于沼液具有氨氮浓度高、厌氧发酵产生余热、pH 值较高等优势，其适用于进行氨吹脱工艺。向沼液中投加石灰至 pH＞11，调节气液比为 3000，经逆流塔的吹脱率可超 90%。氨吹脱工艺适合于高氨氮废水的预处理，具有脱氮率高、操作灵活且占地小的优点；但其同样存在缺陷，吹脱后的空气携带着大量 NH_3，成为了二次污染源；随着使用时间的延长，装置及管道易产生 $CaCO_3$ 沉淀；出水需再加酸调低 pH 值。针对这些问题，氨吹脱在流程设置及装置设计上应该改良。根据有关研究成果可知：影响氨吹脱的几大重要因素是 pH 值、温度及气液比。

（1）pH 值及投加碱的选择

沼液一般 pH 平均值在 7.5 左右，NH_3 随液体碱性的增加会逐渐解吸，因此常先加碱将沼液 pH 值调至一适当范围再进行吹脱。常用碱有 KOH、NaOH、$Ca(OH)_2$ 等。KOH 碱性较大，极易腐蚀容器或造成人体伤害，因而不适合该处使用。根据李武等的中试研究，使用石灰将渗滤液原水 pH 值调至 10～11 进行吹脱时，石灰投加量为 10～12kg/m^3（以原水计），其成本费为 2.5～3 元/m^3（以原水计）；使用 NaOH

调节 pH 值时，NaOH 投加量为 8.4～10kg/m^3（以原水计），NaOH 的成本费达到 16.8～20 元/m^3（以原水计）；如果加上回调硫酸的费用，处理成本将更高。从经济角度考虑，目前氨吹脱工艺多数选用石灰来调节 pH 值。

（2）温度的选择

根据 Gustin 等的研究，在一定温度及 pH 值下存在一个最大氨去除率，即按照 pH 值及温度可计算得出一个游离氨的最大百分比，如式（7-9）。

$$TP_{NH_3}=\frac{10^{-(4\times10^{-8}T^3+9\times10^{-5}T^2+0.0356T+10.072)-pH}}{1+10^{-(4\times10^{-8}T^3+9\times10^{-5}T^2+0.0356T+10.072)-pH}}\times100\% \tag{7-9}$$

据此可知水温是氨吹脱的另一关键控制参数，提高水温可提高沼液中游离态氨分子浓度。然而，过高沼液温度不仅对提高氨氮吹脱效率没有促进作用，而且会增大氨吹脱运行能耗。隋倩雯等发现沼液温度从 30℃提高至 50℃，氨氮去除率从 81.84%提高至 89.53%，氨氮去除率提高 7.69%，水温为 30℃时已可以保证较高的氨氮去除率。Pi 等通过试验发现氨吹脱处理垃圾渗滤液的最佳温度为 50℃，温度从 50℃升至 65℃，氨氮去除率仅提高了 2.7%，该结果也同样证明过高的液体温度难以进一步提高氨吹脱效率。

（3）气液比

气液比是气体流量与液体流量之比，是吹脱的关键控制参数之一，适当的气液比可以促进液相氨分子向气相转移，使氨氮去除率更接近于氨分子理论比例。隋倩雯等的试验结果表明：气液比越高氨氮去除率越高，气液比 2000 与 2500 对氨氮的去除作用极显著高于气液比 1500（$p<0.01$），气液比 2000 与 2500 之间存在显著差异（$p<0.05$），气液比＞2000 可以保证较高的氨氮去除率，因此适当提高气液比有利于氨氮吹脱。Gustin 等研究发现沼液氨吹脱的最佳气液比为 1500～2000。

当投加石灰至 pH＞11，气液比为 3000 时，经逆流塔吹脱率可达 90%以上，氨吹脱适合于高氨氮废水的预处理，脱氮率高。

7.1.5 含氨废气的处理方法

沼液经吹脱后排放的尾气中含有大量 NH_3 及少量挥发性物质，若不加处理直接排入空气势必会造成二次污染。根据相关学者的试验研究及一般工业的实践经验，对含氮尾气的处理方法主要有以下几种。

（1）硫酸吸收

Lei Zhang 等对猪场废水的氨吹脱尾气采取硫酸吸收的方式处理，尾气先经50%（质量分数）浓度的 H_2SO_4 吸收，再通过 20%（质量分数）浓度的 NaOH 溶液除酸，最后排放入空气，能有效阻止 NH_3 及其他挥发性成分污染大气；Michele 等在硫酸吸收瓶前引入一个基础瓶（pH＞12），能够截留超过 60%吹脱出来的有机质和少于 3%的吹脱氨；Sibel 利用硫酸吸收塔回收氨气，在空气流速 0.21m^3/h、pH=12 时，吸收单元中平均 92%的氨被吸收为硫酸铵；Purvil 等利用硫酸喷淋器处理烟气中的氨气，结果显示喷淋器在 pH=6 时能将氨排放量降低到 5mg/m^3。

（2）装置捕获

Takeyuki 等设计生物滴滤装置，利用反硝化生物反应使 NH_3 转化为 N_2，实现含氨废气的无害化；Kangkang 等设计烟气捕获装置既能去除 SO_2 又能回收 NH_3。总体而言这些新型装置的研究都还不成熟，装置优化还有待进一步深入。

（3）工业提纯

工业上，有条件的情况下采取回收及精制提纯的方式处理含氨废气，废气先经吸收塔吸收制成氨水，再经蒸馏塔蒸馏提纯，最后制成高纯度氨气和高纯度液氨，实现了减小污染和高值回收的目标。但此法需要较高的技术和设备投入，成本较高。

（4）过磷酸钙吸收

吕丹丹等研究了过磷酸钙对氨气的吸收，试验结果表明：过磷酸钙吸收氨气至饱和后含氮量可达干重的 12%左右，pH 值升高到 11.5，在空气中自然放置后氨氮量降至 4%左右，固定的氮较稳定，且 pH 值降至 6～7，利于植物吸收，而过磷酸钙本身又是肥效较高的磷肥。但此法回收氨氮效率不高，且保存过程中易损失氮。综合试验研究及工业生产，其中使用最多的含氨废气处理方法是利用一定浓度的硫酸吸收，再以氢氧化钠溶液等碱液辅助净化处理。对于吸收产生的硫酸铵溶液，可再经结晶、离心、干燥等工序处理得到硫酸铵晶体，实现高值回收。

7.2 磷资源回收再利用技术

7.2.1 磷资源现状

磷是生命活动不可或缺的元素。磷元素及含磷有机物不仅参与调节生命活动过程中的物质变化与能量变化，而且是组成生命物质 DNA、RNA、ATP、蛋白质等的重要成分。诺贝尔奖获得者 Todd 教授曾提出“哪里有生命，哪里就有磷”“只有在有磷的星球上，才能存在生命”（Todd，1981）的著名论断，认为磷元素是生命存在的必要条件。

据美国地质调查局 2018 年公布数据可知，全球磷矿总储量约 3000 亿吨，主要以海洋沉积岩型磷矿床的形式存在，集中分布在摩洛哥、西撒哈拉、中国、阿根廷、南非、巴西等国家（美国地质调查局，2018）。虽然全球磷矿储量丰富，但是磷矿资源一经开发利用，磷素随着各下游加工产品的消费领域分散到自然界中，不可再循环利用。此外，从磷资源的地理分布、人口集中度、经济发展的程度以及对磷资源的需求情况看，磷资源具有一定的稀缺性，所以许多国家已经将磷矿资源列为战略资源（高永峰，2007）。

我国磷矿资源丰富，占有率位居世界第二，但是在地域上分布不均，超过 70% 的储量集中分布于云南、贵州、四川、湖南和湖北 5 省，且我国高品位磷矿资源储量占比较低，年开采量大，如此下去，我国优质磷矿将在不到 20 年的时间内消耗殆尽。磷矿已经进入我国国土资源部判定的 2010 年后不能满足国民经济发展需要的 20 个矿种的行列中（李见云等，2007）。

那么磷资源都去哪了呢？图 7-1 展示了磷素流动的基本路径，最终开采出的磷矿主要进入污水/污泥或养殖废弃物中。世界不同地区对于这些含磷废弃物的处理处置方式决定了其最终的磷素流失量（Withers 等，2015）。从表 7-1 汇总的文献数据可以看出，目前世界各个地区都存在磷资源流失严重、磷素利用率低的问题，尤其是中国养殖废弃物这块，磷素利用率仅 5%（Li 等，2016）。近年来，随着我国经济、社会的不断发展，生活水平迅速提高，居民对肉、蛋类食品的需求也迅速增加，国内畜禽养殖业呈快速发展并趋于稳定的趋势，猪肉类产量达 5299 万吨，占世界总量的 45.5%（王楚端，2017），畜禽养殖业已经逐渐成为我国农业经济中最主要的支柱产业（崔小年，2014）。然而，随着养殖场集约化程度的提高，养殖场与种植业脱离，大量粪污无消纳，养殖废水无序排放等问题，正是我国养殖业磷素排放量较大的原因所在，也是我国农业面源污染的源头之一（何正发等，2013；吴义根等，2017）。

养殖废弃物，因其产量、性质受畜禽养殖种类、饲养方式、规模、饲养管理水平、气候条件的不同而不同，一般具有高 COD、高 SS、高氮磷等特点。第一次全国污染源普查公报（2010）显示，全国畜禽类尿化学需氧量（COD）、总氮、总磷三项主要污染物分别为 1268.26 万吨、102.48 万吨、16.04 万吨，分别占农业污染源

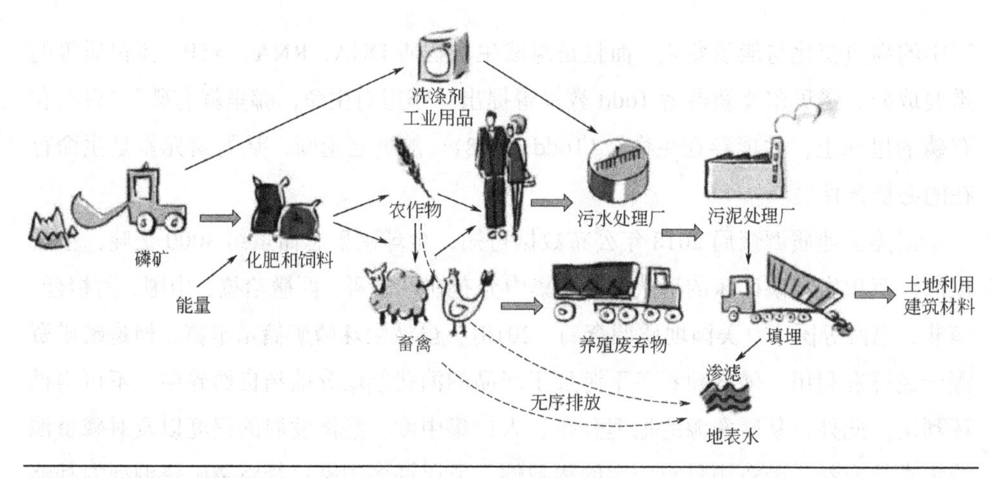

图 7-1 磷素流动图

表 7-1 世界不同地区不同源头磷素流失量及磷素利用率汇总表

国家和地区	废水 /（kt/a）	市政污泥 /（kt/a）	养殖废弃物 /（kt/a）	总磷利用率 /%	养殖废弃物磷利用率 /%
欧洲	300	130	>1000	22	16
北美	150	60	800	18	15
日本	126	108	194	26	19
中国	600	200	>1000	15	5

的 96%、38%和 56%，已超过工业排污量，成为我国最大污染行业之一（第一次全国污染源普查资料编纂委员会，2010）。不仅如此，长期大量使用养殖废弃物灌溉农田，易造成土壤理化性状恶化，土壤透气、透水性下降及板结，还会造成作物陡长、倒伏、晚熟或不熟、减产甚至大面积腐烂（陈兰鹏等，2008）。养殖废弃物的不恰当处理处置还易滋生蚊蝇，传播病原体，进而危害人畜健康（金淮等，2005；毕朝安和徐志斌，2011）。另外，养殖废弃物中的氨、硫化氢、硫醇类物质是恶臭污染的主要来源，不仅影响空气质量，同样也会危及人畜健康（张生伟等，2016）。尽管养殖废弃物存在如此多的环境风险，但它也是养分和能量的载体，是一种富含磷资源的特殊农业资源，因此，采取合理的技术手段处理养殖废弃物同时实现磷资源的回收，是同时实现环境保护和资源替代的捷径。

我国相关部门已对养殖业集约化、规模化发展过程产生的上述问题予以高度的重视，并出台了一系列政策。2017 年 7 月 7 日，农业部发布的《畜禽粪污资源化利用行动方案（2017—2020 年）》，制定了“全国畜禽粪污综合利用率达到 75%以上，规模养殖场粪污处理设施装备配套率达到 95%以上，大规模养殖场粪污处理设施装备配套率提前一年达到 100%”的目标。生态环境部于 2018 年 4 月 18 日印发了《关于加强固定污染源氮磷污染防治的通知》中明确将规模畜禽养殖行业作为氮磷污染防治的重点行业，要求全面推进氮磷达标排放。因此，加快研发并推广养殖废弃物深度资源化处理模式，是强化氮磷污染防治，控制农业面源污染，实现资源化回收利用，推动规模化养殖业绿色化生产的大势所趋。

7.2.2 源分离尿液

瑞典、德国、荷兰等欧洲国家已经就尿液与粪便分离式便器进行了大量的试验研究，并在实际生活中进行可行性探讨（Maurer 等，2006）。源分离指从源头——便器入手，将粪便、尿液单独收集、输送、处置、利用，不再将其与其他污水混合。源分离便器的前端可用于收集尿液，后端用来收集粪便，基于已有的尿液源分离系统已可以从便器中分离出纯度高于 85%的尿液。进入 20 年代 90 年代，欧美各国学者都以在源头分离尿液的研究思路来促进废水的可持续性管理。在源头对尿液进行分离就相当于从高浓缩的溶液中提取和分离营养物质。尿液以及冲洗水可用管道单独收集并转移至专用贮存容器中，经适当处理后回用农业生产。

新鲜尿液的含水率为 96%～97%，其余是溶解于尿中的固体物质，固体物质以蛋白质代谢产生的电解质和含氮终产物为主，其中无机盐和尿素分别占尿液总质量比例为 1%和 2%，尿液中以下 8 种离子浓度较高：Na^+、K^+、NH_4^+、Ca^{2+}、Cl^-、SO_4^{2-}、PO_4^{3-}、HCO_3^-。另外，尿液中也可能涉及其他的微量金属元素，其质量浓度一般为 μg/L 级，相对于传统的矿业肥料和土壤自身的背景浓度，其值更小。因此，与其他有机肥料相比，尿液中的重金属含量较低。尿的酸碱度受食物性质的影响，变动较大，一般 pH 值变动范围为 5～7。经贮存的尿液和新鲜尿液中氮素的存在形态和浓度存在显著不同，新鲜尿液在贮存过程中尿素会发生水解反应转化为氨氮和碳酸盐，在水解过程中随着 pH 值的升高，尿液中钙离子和镁离子会以碳酸盐或磷酸盐形式逐渐发生沉淀，同时伴随着氨气的挥发（蒋善庆等，2014）。完全水解后的人类尿液 pH 值在 8.9 左右，其中 90%以上的氮素以氨氮形式存在（Kirchmann 和 Pettersson，1994）。尿液水解过程中的主要反应包括：

$$CO(NH_2)_2+3H_2O \longrightarrow 2NH_4^++HCO_3^-+OH^- \tag{7-10}$$

$$NH_4^++OH^- \longrightarrow NH_3(\text{液})+H_2O \tag{7-11}$$

$$NH_3(\text{液}) \longrightarrow NH_3\uparrow \tag{7-12}$$

$$Mg^{2+}+NH_4^{+}+PO_4^{3-}+6H_2O \longrightarrow MgNH_4PO_4 \cdot 6H_2O\downarrow \quad (7\text{-}13)$$

生活污水中87%的氮和50%的磷来自人类尿液，而后者仅占前者体积的不到1%（Christiaens 等，2019；Gao 等，2018）。尿液可看作是氮磷的浓缩液，若未经有效处理（如农村地区），将是造成水体富营养化的主要污染源（Igos 等，2017）。此外，随着生活污水排放标准的日趋严格，为降低出水氮磷浓度，往往采用一系列的深度处理工艺，从而无形中增加了生活污水的处理成本。迄今为止，从废水中去除氮磷已经耗费颇多，但仍造成了不平衡的水-能源-营养关系（Cordell 等，2011）。我国人口超过 14 亿，如果能将所有的尿液收集，理论上可以回收氨 537 万吨、磷 32 万吨，折合成鸟粪石为 253 万吨。根据《中国生态环境状况公报》，2017 年全国污水处理厂共计处理生活污水 462.6 亿立方米。如果将尿液从源头分离出去，可以减少 348 万吨总氮和 20.7 万吨总磷进入生活污水处理厂，可以有效地降低水处理成本；另外生活污水的 COD 浓度约为 400mg/L，总氮浓度约为 80mg/L，C/N 在 5 左右，尿液废水的 COD 浓度约为 8000mg/L，总氮浓度约为 7000mg/L（以 N 计），如果将尿液从源头分离出去，生活污水 C/N 将升高至 32 左右，更适宜生物法处理。由此可见，从源头控制含氮磷废水的排放并进行有效的资源回收，不仅可以降低污水处理厂的运行成本、提升出水水质，还能创造出巨大的经济效益。

自 20 世纪 90 年代瑞典国际发展合作署（SIDA）为代表的一些欧洲组织提出了“生态卫生”的概念以来（Winbland 和 Simpson-Hebert，2004），欧美各国学者都以在源头分离尿液的研究思路来促进废水的可持续性管理，瑞士、瑞典、德国、荷兰和新西兰等为代表的一些欧洲国家的研究相对全面且成熟，其尿液源分离技术的相关研究成果也在当地和亚非洲等地区进行了中试或小范围的实际工程应用。迄今为止，源分离尿液中回收氮磷等营养元素的方法主要可以分为浓缩脱水技术、物化吸附技术、沉淀结晶技术、生物处理技术、电化学技术及各工艺组合技术等（陈龙等，2013）。

7.2.3 尿液氮磷回收技术与现状

（1）浓缩脱水技术

尿液的含水率大于 95%，将尿液进行浓缩脱水可以很好地减小体积，实现尿液中溶质与水相的分离从而得到高浓度营养盐尿液或者固体肥料，浓缩脱水技术主要包括蒸发和冻融。

蒸发，即通过加热使尿液中水分不断挥发而浓缩溶质的过程，最终能够得到含有氮、磷、钾等多种营养盐的结晶产物，然而该技术主要存在能耗过高、氨易挥发、回收物残留部分微量污染物的缺点。针对高能耗的问题，越南某高校利用太阳能作为替代热源进行了蒸发中试试验，经过 26 天的太阳照射之后，可以从 50L 酸化后（pH＜4）的尿液中回收 360g 固体肥料，这种含烷基的肥料主要由氯化钠组成，磷和氮的总质量分数超过 2%（Antonini 等，2012）。尿液酸化常用硫酸成本高且不安全，为了减少酸化成本，Udert 等（2012）将生物硝化与蒸馏结合，尿液中的氨氮在硝化细菌的作用下转化为硝态氮后再进行蒸发浓缩脱水，得到包含磷、钾、硫和超过 99%的氮的硝化尿液肥料，但是该方法还是无法解决回收产物中残留微量污染物问题。

冻融是根据低温下水分子首先形成冰晶体而营养盐和其他化合物仍然呈溶液状态的原理来实现水分与溶质的分离过程。尿液在-14℃以下的温度冷冻后，约 80%的营养盐能够浓缩到 1/4 原始体积的溶液中。与蒸发相比，冻融不仅需要的能量更大，而且很难直接得到晶体。Ganrot 等（2010）将化学沉淀法、物化吸附法以及冻融技术相结合，尿液先进行冻融处理得到浓缩营养液，氮磷生成鸟粪石沉淀，最后用经预处理的沸石吸附多余的氨氮，磷回收率达到 97%，氮回收率为 50%～60%。

（2）物化吸附技术

物化吸附技术是一种离子交换与吸附原理相结合的技术。吸附材料主要包括活性炭和沸石，由于活性炭价格昂贵所以一般多采用沸石（Kiani 等，2018）。吸附材料容量有限，需要再生，以吸附处理后的材料直接作为化肥回用会造成大量材料损耗。Lind 等（2000）将鸟粪石结晶与沸石吸附相结合，65%～80%的氮被吸附或合成鸟粪石晶体。Ganot 等（2007）将冻融法、鸟粪石沉淀、沸石和活性炭吸附相结合，结果显示磷主要以鸟粪石的形式回收，回收率达到 95%～100%，沸石可以提高磷回收率，活性炭对磷回收没有明显影响。Xu 等（2018）运用生物炭负载 MgO 回收尿液中的氮磷，生物炭对氮具有良好的吸附性能，负载 MgO 后显著提高对磷的吸附，氮磷回收以鸟粪石沉淀形式为主，同时生物炭表面吸附磷作用实现对磷的去除，氮磷去除率分别达到 47.5mg/g（以 N 计）、116.4mg/g（以 P 计）。

（3）化学沉淀技术

化学沉淀技术主要包括磷酸铵镁沉淀（$MgNH_4PO_4 \cdot 6H_2O$，MAP）、磷酸镁钾沉淀（$KMgPO_4 \cdot 6H_2O$，MPP）、羟基磷酸钙沉淀［$Ca_5(PO_4)_3(OH)$，HAP］等回收磷或氮的方法，最常用的是 MAP 沉淀（Huang 等，2019；Yee 等，2019；Talboys

等,2016)。MAP 法的原理是向尿液中投加 Mg^{2+}并调节尿液的 pH 值,当尿液中 NH_4^+、PO_4^{3-}（或 HPO_4^{2-}或 $H_2PO_4^-$）、Mg^{2+}三种离子的离子活度积大于溶度积常数，处于过饱和状态时，相互发生反应生成 MAP 沉淀（Zhao 等，2019）。理论上形成磷酸铵镁时的 NH_4^+、PO_4^{3-}和 Mg^{2+}物质的量之比为 1∶1∶1，但实际操作时 Mg^{2+}需要适度过量（Peng 等，2018；Ariyanto 等，2014）。尿液中磷酸盐浓度足够，但仍需要添加 Mg 源。一般为获得较高的总磷去除率，进行沉淀反应之前需将废水 pH 值调节至 9 以上。传统磷酸铵镁工艺投药量较大、运行成本较高，导致其在实际应用推广中受到制约。Wei 等（2018）在实验室结果的基础上进行了中试试验，通过沉淀和空气剥离/酸洗以鸟粪石沉淀、硫酸铵形式回收尿液中氮磷元素，实现了 94%的鸟粪石沉淀效率，但由于小晶体从筛网和沉淀池中流出，只有 55%的晶体得到回收，氮的去除率和回收率分别为 93%和 85%。Tilley 等（2008）采用静置沉淀与添加镁源相结合的方式处理实际尿液，在自然沉降模式下磷的平均去除率为 24%，而以鸟粪石沉淀模式磷的平均去除率可以达到 70%，总磷去除率超过 90%。

（4）生物处理技术

生物脱氮技术主要是在好氧条件下硝化和亚硝化细菌将 NH_4^+转化为 NO_2^-和 NO_3^-完成硝化过程；在厌氧或缺氧条件下反硝化细菌将 NO_2^-和 NO_3^-转化为 N_2 完成反硝化过程（Vijay 等，2019）。生物除磷技术主要是在厌氧条件下，聚磷菌消耗 ATP 放出 H_3PO_4；在好氧条件下，聚磷菌有氧呼吸实现超量吸磷。传统的生物氮磷处理技术适用于氮磷浓度较低的生活污水，尿液中高浓度 NH_4^+会对微生物产生抑制作用，且 C/N 很低，不足以维持反硝化过程，采用传统生物法不能达到良好的去除氮磷效果。参照目前的研究进展，短程硝化和厌氧氨氧化工艺较适合应用于尿液脱氮处理。短程硝化是指亚硝化菌将 NH_4^+化为 NO_2^-，不再产生 NO_3^-，而由 NO_2^-直接生成 N_2，在反硝化阶段可以节约近 40%的有机碳源。厌氧氨氧化是一种不依赖于碳源的脱氮生物工艺。在厌氧条件下，厌氧氨氧化菌将 NH_4^+和 NO_2^-转化为 N_2（Strous 等，1998）。但是厌氧氨氧化菌生长缓慢，启动周期长，产生剩余污泥需要后续处理，导致其在实际应用推广中受到严重制约。短程硝化和厌氧氨氧化可以有效地实现氮元素的去除，但对废水中磷的去除还有待探究。在回收尿液中的营养物质方面，生物处理技术一般与其他技术结合，一是将硝化后的稀释尿液来培养藻类（小球藻、螺旋藻等），回收藻类作为饲料或生物质原料；二是先硝化再浓缩脱水回收稳定的结晶产物或浓缩硝化肥料。Udert 等（2003）将 1∶1 的铵/亚硝酸盐溶液添加到厌氧氨氧化污泥中，在 30℃时测定反硝化速率为 1000g/（m^3·d）（以 N 计），总氨与亚硝酸盐去除率比为 1∶1.18，试验结果表明，氮可以通过厌氧氨氧化从尿液中去除，硝化反应和厌氧氨氧化反应器的结合可以去除75%～85%的氮，最终以硝酸铵溶液形式回收氮资源。Piltz等（2018）建立了多孔基质生物反应器-固定化微藻系统从稀释尿液中回收氮磷资源，最终得到氮磷含量分别为5.36%和2.1%的生物质，氮去除率为13.1%，磷去除率为94.1%。

（5）电化学技术

电化学技术即电极与电解质之间的电化学行为，具有设备占地面积小、操作灵活、排污量小、易于实现自动化等优点。电化学水处理基本原理是使污染物在电极表面发生直接或间接的电化学反应，即以直接电解和间接电解的方式进行转化和去除（Lin等，2018）。选用合适的电极材料常常是决定电化学处理效果的关键，不同电极材料会通过不同的机理对废水中污染物进行降解，传统Fe、Al电极通过电絮凝原理去除废水中氮磷，Ti、Pt电极通过电解水反应产生OH^-提高电极附近pH值以促进磷酸铵镁沉淀，牺牲Mg电极可以替代添加镁源回收氮磷（Yuan等，2016）。Zheng等（2009）使用牺牲Fe电极除磷效率达到98%左右，能耗和耗铁量分别为去除每千克磷需要0.0042kW·h/L和2.4kg/L。Zheng等（2010）在低pH值范围（pH=5和pH=6）下处理人工贮存尿液的试验中，无论采用Fe还是Al作为沉淀剂，都获得了98%的磷酸盐去除率。Wang等（2010）以Pt为阳极，Ni为阴极，外加电源电压3～12V条件下，得到纯度高达94.5%～96.1%的鸟粪石沉淀。Hug等（2013）首次成功使用镁板作为阳极，通过电解牺牲Mg电极作为添加镁源从尿液中得到磷酸铵镁沉淀，实现了电化学技术在尿液营养物质回收中的重大突破。与传统电极相比，牺牲Mg电极以磷酸铵镁形式从废水中回收氮磷元素，磷酸铵镁不仅是用途广泛的工业原料，还是一种效果很好的缓释肥。应用电化学方法生成磷酸铵镁沉淀，操作简单，能减少投加化学试剂，且生成的磷酸铵镁纯度较高。

（6）综合处理工艺

在实际研究和工程应用中，为了能够更高效、完整地从尿液中回收氮磷元素，常需要联用两种及以上技术。化学沉淀技术具有回收鸟粪石的优势，常与其他技术连用。新型的工艺组合是微生物电化学技术与鸟粪石沉淀相结合，如利用微生物燃料电池（microbial fuel cell，MFC）、微生物电解池（microbial electrolysis cell，MEC）回收鸟粪石。

微生物燃料电池是一种以微生物为催化剂，将储存在有机物中的化学能转化成电能的微生物反应装置（Lu等，2019）。微生物燃料电池基本工作原理是阳极产电菌在厌氧条件下降解废水中有机物，产生电子和质子，电子通过细菌胞外电子传递机制到达阳极，再经外接电导线到达阴极；质子通过分隔材料（质子交换膜或盐桥）

到达阴极，电子、质子以及氧等电子受体在阴极发生还原反应，从而形成一个完整的电流回路（Ye 等，2019）。有研究认为，在 MFC 的阴极附近有一个高 pH 值区域，在该区域发生氧还原反应，水被电解生成 H^+和 OH^-，H^+在还原反应下被消耗，因此积累了较多的 OH^-，导致该区域的 pH 值上升，因此磷酸根可以在高 pH 值的阴极环境中转化成鸟粪石等沉淀得以回收（Fornero 等，2010）。然而，鸟粪石在催化剂表面沉淀生成可能导致催化剂失活或堵塞，沉降下来的鸟粪石晶体也会占据 MFC 体积，降低 MFC 的性能。Ichihashi 等用空气阴极单室 MFC 处理养猪场废水时，在与阳极室电解液接触的阴极表面发现了磷酸铵镁晶体，证实了 MFC 回收氮磷资源的可行性（Ichihashi 和 Hirooka，2012）。You 等（2016）使用 MFC 处理尿液废水，取初始出水加入镁源收集鸟粪石沉淀，磷去除率达到 82%。Merino-Jimenez 等（2017）以赤陶土为膜材料，以活性炭为阴极电极，以碳膜为阳极材料构建了一个低成本 MFC 用以处理尿液废水，鸟粪石的回收率达到 94%，MFC 的最大功率性能提高了 10%以上。

微生物电解池是基于 MFC 实践基础上被提出的，其回收鸟粪石原理与 MFC 类似。微生物电解池与微生物燃料电池最大的不同是附加了一个外加电压，使阴极反应变成电子与质子反应产生 H_2。MEC 可以同时将废水中的有机物降解、电解水产氢并沉淀鸟粪石，但阴极表面的结垢会阻断催化活性位点，限制其延长操作，降低 MEC 性能。Roland 等（2012）设计了一个单室 MEC 反应器处理含氮磷废水同步产 H_2 和回收鸟粪石。反应处于厌氧环境，产生的 H_2 作为生物电源能量补充以维持反应，减少了反应器的能源消耗，使用不锈钢网吸附鸟粪石，减少了后期操作难度，磷去除率为 20%～40%。Roland 等设计了流化床双室 MEC，产生鸟粪石悬浮颗粒，抑制了阴极表面结垢，在连续流动条件下，阴极 pH 值提升到 8.3～8.7，可溶性磷去除率为 70%～85%（Roland 等，2014）。Almatouq 等（2017）研究了双室 MEC 中外加电压和进水 COD 浓度对阴极鸟粪石沉淀的影响，在外加电压为 1.1V、进水 COD 浓度为 500mg/L 时得到 MEC 最大产氢速率为 $0.28m^3/(m^3 \cdot d)$。同时，磷的最大沉淀效率为 95%。

随着粮食产业的发展，从污水中回收氮磷资源是必然趋势。总的来说，上述关于从尿液中回收氮磷的各种方法均有各自的优缺点。浓缩脱水技术可以缩小尿液体积、回收含氮磷元素的浓缩液，但是蒸发或冻融过程需要消耗大量能量，蒸发过程中氨氮易挥发流失，冻融很难得到晶体。物化吸附常用材料为沸石和活性炭，活性炭价格昂贵所以一般多采用沸石，吸附材料容量有限，不具选择性，吸附材料一旦饱和效果会下降，往往损耗大量材料。生物法需培养耐冲击负荷污泥，运行周期过长，且剩余污泥需要二次处理。以鸟粪石结晶的形式回收废水中的氮磷资源被国内外公认为一种最有希望的技术方法，近年来被广泛用于高氮磷废水的处理和资源化。鸟粪石沉淀法需要调节溶液 pH 值，常用投加化学试剂、二氧化碳吹脱法。实际生产中持续投加化学药剂与鼓风所消耗的费用高达 140～460 美元/t（以鸟粪石计）（而每吨磷矿 40～50 美元），其中投加药剂所占的费用占总支出的 97%。电化学法具有设备占地面积小、操作简单、反应受外界环境影响小、通过电子的转移实现氧化还原过程，无须外加药剂、磷回收率高且成分纯的特点。

7.2.4 国内外畜禽粪污资源化利用技术现状

养殖废弃物处理技术根据养殖废弃物含固率的不同，可以主要分为固相粪污的处理（含固率 20%～40%）和液相养殖废水（含固率小于 1%，即小于 1000mg/L）的处理。由于物质形态的不同，其处理手段及磷资源利用形式上也会有所不同。本节重点介绍近十年国内外较热门的畜禽粪便资源化利用技术，主要包括好氧堆肥技术、厌氧发酵技术及近几年逐渐流行的热化学处理技术，着重介绍这些技术在磷素资源回收及利用方面的研究现状及发展趋势。

（1）好氧堆肥技术

好氧堆肥技术，即易降解的有机废物通过人为控制物料碳氮比、含水率、pH 值、温度、通风量等条件，实现微生物好氧降解有机物并高温杀死病原菌的废弃物稳定化和腐殖化过程（张海滨等，2017；周继豪等，2017）。在处理养殖废弃物方面，其以操作简单、处理成本低、有机物分解彻底、除臭杀菌效果好、产品肥料化应用等优点而拥有一定的市场（李霞等，2017；张家才等，2017）。一般为了控制碳氮比在适宜堆肥的范围内（10～20），畜禽粪便会掺杂一些含碳量较高的农业废弃物（如秸秆）作为辅料以实现堆肥过程（张书敏等，2017；周思等，2017）。然而，由于粪便种类、辅料种类、堆肥过程控制方式等方面的不同都会对微生物的菌群、堆肥产品的质量、厂区周围环境产生较大的影响，堆肥技术仍然存在温室气体排放严重、渗滤液难处理、堆肥产品质量参差不齐以及后续应用中重金属污染风险等问题（Ran 等，2017；Wang 等，2016）。因此，国内外研究者主要通过调整物料配比（Zhou 等，2015），改良堆肥工艺（Shimizu 等，2018），添加吸附剂、菌剂、调理剂（Hagemann 等，2018；Liu 等，2011）等方式来优化堆肥技术。

堆肥技术属于养殖废弃物资源综合利用技术，虽然并不是针对性的磷资源回收技术，但也能同时实现磷资源的回收。堆肥过程中的磷素会随着水分的蒸发在物料表面形成磷酸盐沉淀而得以回收，但也有部分会随着渗滤液的产生而流失。因此堆肥技术在磷资源回收方面的研究主要基于两方面：一方面是减少磷损失的技术研究，另一方面是调整磷形态的研究。王亚飞等（2017）通过调整物料配比，实现了渗滤液零排放以避免了磷素的损失；李帆等（2017）通过向堆体添加过硫酸钙的方式，调整堆体含水率，减少堆体氮素损失，同时实现了渗滤液零排放，也提高了堆肥产品的磷素含量；郑嘉熹和魏源送（2012）通过添加含金属离子的工业废料——赤泥金属盐实现磷素固定的目的。任丽梅等（2009）通过人为添加镁盐的方式，控制物料表面的磷素多以磷酸铵镁晶体（$MgNH_4PO_4 \cdot 6H_2O$）的形式存在，实现了氮、磷资源的同步捕捉，也保证磷素生物有效性。因此，堆肥技术过程对物料磷素形态变化越来越关注，技术优化过程也朝着全资源回收的方向发展。

（2）厌氧发酵技术

厌氧发酵技术是有机废物实现资源化利用的传统途径之一。该技术主要通过厌氧菌的同化作用，有效地将有机质转化为甲烷和二氧化碳以燃烧发电，其产物——沼渣和沼液可分别用作动物饲料/肥料和营养液以实现资源化利用（杜婷婷等，2016）。因此早在农耕时代，该技术就已被广泛应用。厌氧发酵技术一般根据物料的含水率可以分为含水率＞80%的湿式厌氧发酵和含水率＜80%的干式厌氧发酵（王明等，2018；夏挺等，2017）；根据发酵的温度又可以分为低温厌氧发酵（＜20℃）、中温厌氧发酵（30～35℃）和高温厌氧发酵（50～55℃）（席江等，2014）。在畜禽粪便处理上，应用较广泛的是湿式厌氧发酵和中/高温厌氧发酵（秦文弟等，2016；刘智敏等，2017）。从保证产甲烷量的角度考虑，厌氧发酵所需的pH值一般在6.5～7.5（张瑞，2015）；从有机质稳定化的角度考虑，其停留时间一般在20～30天（Bong等，2018）。

受不同物料性质的影响，若待处理的废弃物中含有大量纤维素、木质素等难降解成分的有机物，那么厌氧发酵的效果就会下降；另外，厌氧发酵的温度（＜55℃）限制了其在处理难降解有机物（如抗生素）和病原菌方面的能力。因此，通过一些预处理手段改善厌氧发酵效果是目前该技术研究的热点。目前常用的预处理方法有热处理（Huang等，2017；Zou和Li，2016）、微波处理（Liu等，2016）、超声波处理、酸碱处理等，并证实了它们在破坏有机结构、灭杀病原菌方面的能力。当然，还有通过混合发酵（Hartmann和Ahring，2005；Zhai等，2015）或添加催化剂（Moestedt等，2016；Nordell等，2016；Xi等，2014）等方式，改善原物料属性、强化菌群新陈代谢。

从磷资源回收的角度，厌氧发酵过程将有机磷水解为可溶性磷酸盐，是磷素降解与释放的过程。然而，不论是传统的厌氧发酵还是经预处理后的厌氧发酵技术，磷素都易在有机结构破坏的同时释放，并与其他阳离子重新生成沉淀或吸附在固体表面。有研究表明，粪便中大部分有机磷经厌氧发酵过程得以降解并释放，但只有10%不到的磷随沼液流出（Gungor 和 Karthikeyan，2008；Mehta 和 Batstone，2013）。这说明厌氧过程对于磷素形态的变化影响很大，且对于之后产品的应用有着决定性的意义。

（3）热化学处理技术

热化学处理技术与好氧堆肥技术和厌氧发酵技术相比是近几年逐渐应用到固体废物处理方向上的热门技术。该技术包括水热、湿式氧化、焚烧、气化、热裂解等，其特点见表 7-2。总的来说，热化学处理技术有几个共性的优势：①可处理的固体废物范围较广，无论干的还是湿的，成分单一还是复杂，市政的还是农业的，都能进行处理（Escala 等，2013；Funke 和 Ziegler，2010）；②产物（如水热炭、生物炭、裂解油、可燃气等）附加值较高，应用较广泛，实现了资源化利用（Titirici 和 Antonietti，2010；Titirici 等，2012）；③属于无害化、减量化技术，可有效灭杀病原菌，降解有机污染物，缩小废弃物体积，减轻城市土地填埋压力（vom Eyser 等，2015；vom Eyser 等，2015）。

表 7-2　常见热化学处理技术名称、反应特点及产物汇总表

技术名称	温度/℃	氧环境	其他技术特点	产物
水热	＜300	缺氧	高压密闭，可处理含水率较高废弃物	水热炭（金属多为硫化物，磷多为无机矿物形态）
湿式氧化	180～315	有氧	高压密闭，可通空气、氧气、催化剂等	水热炭（金属多以氧化态存在，磷可以转化为 P_2O_5）
热裂解	250～700	缺氧	常压，适宜处理含固率较高废弃物	热解油、多孔生物炭
焚烧	800～1000	有氧	常压，适宜处理含固率较高废弃物	灰渣
气化	＞800	缺氧	高压密闭，可实现超临界态	可燃气（氢气、一氧化碳）

另外，这些技术都有磷资源回收的潜力，但这方面的研究较少。从表 7-2 也可以看出每个技术的运行条件都有所不同，这就决定了磷素的相分布和形态都有所不同，又因原料理化性质的差异使得磷资源回收潜力都有所不同。以水热技术（HT）和热裂解技术（PT）做比较，HT 处理后的磷素多存在于固相，随着 HT 温度和反应时间的增加，固相中的磷会增加，而 PT 技术处理粪便能实现 80%～100%的磷素在固相（Bridle 和 Pritchard，2004；Azuara 等，2013），20%以下的磷会进入气相（Xu

等, 2016）; 从形态上区分, HT 处理后的磷素多以无机矿物形式存在（Dai 等, 2015; Huang 等, 2018）, 而 PT 处理后的磷素多以多聚磷酸盐（Uchimiya 和 Hiradate, 2014; Uchimiya 等, 2015）的形式存在。尽管这些差异开始被大家关注到，但鉴于热化学技术的丰富性和多样性，有深度的、系统性的研究仍较少。

7.2.5 国内外养殖废弃物磷形态与转化过程研究进展

上面提及的任何养殖废弃物磷资源化利用技术，其处理效果的好坏及应用前景都受原材料及处理后产物的磷素形态的影响。因为磷素形态决定了磷元素的相分布、可移动性和生物有效性（Hunger 等, 2005; Maguire 等, 2006; Sato 等, 2005, Turner 和 Leytem, 2004）。基于这一点，磷素在养殖废弃物处理过程中任何环节的形态变化过程都值得被研究。因此，本节通过文献汇总的方式，对常见畜禽粪便（牛粪、猪粪和鸡粪）中磷化合物、形态及相关分析技术进行介绍。

（1）磷化合物及形态

畜禽粪便中磷回收潜力主要取决于磷化合物。总磷的含量决定了其回收价值，相关金属离子的丰度（尤其是跟磷酸根结合能力较强的金属）决定了磷化合态。从表 7-3 的数据可以看出，磷的总量及相关金属含量参差不齐。磷的含量在 5～40mg/g, 其中猪粪和鸡粪中的磷含量相对较高。钙（Ca）是畜禽粪便中含量最高的金属，其浓度范围一般在 10～100mg/g; 镁（Mg）位居第二，浓度在 10mg/g 左右; 铝（Al）和铁（Fe）的浓度一般都低于 5mg/g。

表 7-3 常见畜禽粪便中的总磷含量，浓度较高阳离子含量及它们与磷的物质的量比例

元素		肉牛粪（BM）	奶牛粪（DM）	猪粪（SM）	鸡粪（PM）
磷 P	含量/（mg/g）	7.474 ± 4.850	6.750 ± 2.627	30.56 ± 9.99	20.70 ± 10.42
钙 Ca	含量/（mg/g）	17.20 ± 8.25	21.23 ± 11.10	32.24 ± 16.68	50.24 ± 45.39
	Ca/P	2.469 ± 2.042	2.499 ± 1.173	0.8083 ± 0.2481	2.021 ± 1.921
镁 Mg	含量/（mg/g）	6.607 ± 2.400	8.043 ± 3.872	11.65 ± 3.45	6.340 ± 1.994
	Mg/P	1.493 ± 0.964	1.645 ± 0.981	0.5255 ± 0.1723	0.4681 ± 0.1999
铝 Al	含量/（mg/g）	3.283 ± 3.621	2.044 ± 1.438	1.015 ± 0.512	9.321 ± 9.111
	Al/P	0.6425 ± 0.6283	0.4574 ± 0.4249	0.03998 ± 0.01626	0.5749 ± 0.5357
铁 Fe	含量/（mg/g）	5.152 ± 5.057	2.537 ± 2.321	2.694 ± 1.903	3.108 ± 2.543
	Fe/P	0.2611 ± 0.2255	0.2777 ± 0.2526	0.05437 ± 0.03039	0.09373 ± 0.07288

根据 Hedley 磷素分级、化学浸提法和 ^{31}P 液相核磁共振（^{31}P liquid NMR）分析结果可以看出，畜禽粪便中的磷素形态多变，且受动物生理功能、种类（McDowell 等，2008）、年龄、饲料（Toor 等，2005；Toor 等，2005）及粪便处理方式（如存放时间；Leytem 等，2007）的影响很大（图 7-2）。

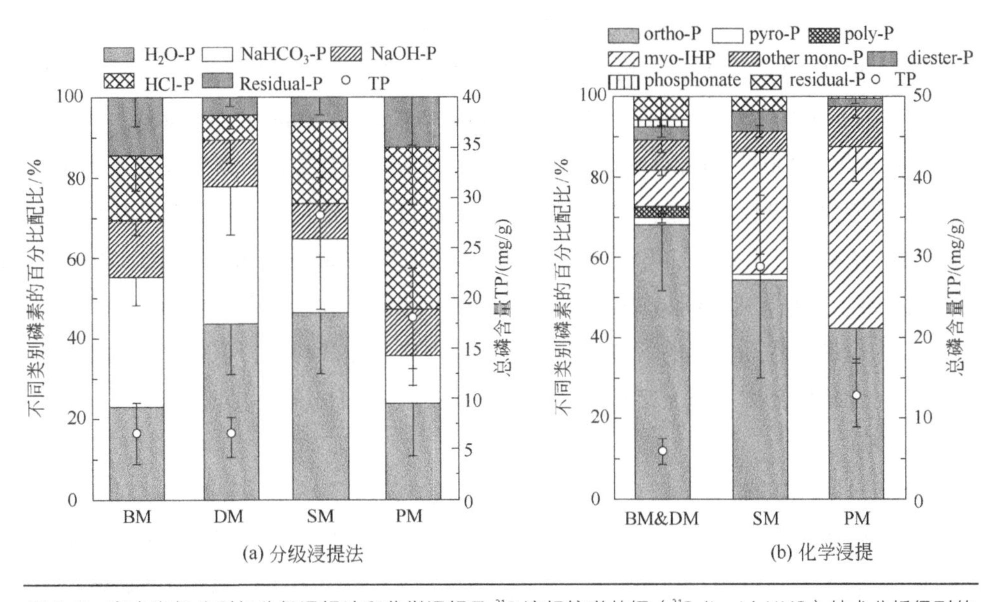

图 7-2 畜禽粪便分别经分级浸提法和化学浸提及 ^{31}P 液相核磁共振（^{31}P liquid NMR）技术分析得到的总磷含量及不同类别磷素的百分比分布图

Hedley 磷素分级浸提结果表明，畜禽粪便中 50%～80%的磷移动性较强，易溶于水，鸡粪中磷素的可移动性较猪粪和牛粪的差一些（Li 等，2014；Pagliari 和 Laboski，2012；Toor 等，2005b；Turner 和 Leytem，2004），这个结果也在 NMR 分析结果中得到了验证。值得指出的是，畜禽粪便中的有机磷，属植酸盐占的比重（6%～45%）较大，其他有机磷（如双酯磷酸盐、膦酸酯、DNA 等）占的比重都较小。再结合表 7-3 的数据，可以推断出，畜禽粪便中的磷素多以钙、镁无机矿物及有机络合态存在，且可移动性较强（Gungor 等，2007；Shober 等，2006）。

（2）磷形态表征技术

鉴于磷素形态对于畜禽粪便资源化应用方向的意义，一些表征分析技术手段开始在这个领域各显神通。目前常见的磷素形态表征技术有 ^{31}P 核磁共振技术（^{31}PNMR）、磷素 X 射线近边吸收光谱分析技术（XANES）和 X 射线衍射技术（XRD）。^{31}PNMR 和 XANES 都是基于磷元素进行的分析，可以提供周围原子环境及相位信息。^{31}PNMR 可以提供磷分子构型（如膦酸酯、正磷酸盐、焦磷酸盐、多聚磷酸盐、单酯磷酸盐、双酯磷酸盐等）的信息，但受重叠峰、噪声等因素的影响，只能进行半定量分析，无法精确知道各种构型所占的比例（Cade-Menun，2005）。另外，若所测样品中磁性物质成分（含铁、锰）过高还会对整个仪器的运转造成影响（Kizewski等，2011）。XANES技术在区分无机磷形态及化学态（离子结合态、表面吸附态、络合态等）上具有特殊优势，但在有机磷的鉴别上并不敏感（Doolette和Smernik，2011；Ingall等，2011；Werner和Prietzel，2015）。化学浸提（NaOH-EDTA）与^{31}PNMR的结合虽然可以实现磷分子构型的定量分析（Cade-Menun 和 Preston，1996；Koopmans等，2003；Turner等，2003），但是该法只适合检测可溶入浸提液的磷素形态，不能代表被检测样品所有的磷素形态，而且不能保证整个浸提过程中磷素是否又发生了解吸、重结晶、再沉淀等过程使样品失真（Cade-Menun，2005；Doolette和Smernik，2011；Kizewski等，2011）。XRD可以提供化合物晶体结构（如鸟粪石晶体）的信息，通过晶型的区分证明一些特殊含磷晶体的存在，但由于粪便成分过于复杂，含磷化合物多以无定型形式存在，很难用XRD辨别（邓玉君等，2016；He等，2017）。

Hedley 拟定的磷素分级浸提方法及其改进方法被广泛用于评价磷素的相对可移动性（Hedley等，1982）。在这套方法中，通过水和$NaHCO_3$浸提后获得的磷被认为是可溶性磷酸根和有机磷酸酯；通过NaOH浸提得到的磷被认为是吸附在铁/铝矿物表面的磷；通过HCl浸提得到的磷被认为是难溶的无机磷酸盐矿物，主要以钙盐、铝盐、铁盐形式存在。然而，该方法也只是半定量，操作手法对结果准确度的影响很大，更别说在浸提过程中发生的一些潜在的磷素形态变化了（Hunger等，2005；Negassa等，2010）。

综合上述讨论的各种磷形态分析方法的利弊，为了更全面地了解磷素在养殖废弃物资源化处理过程中的变化过程，多技术交叉分析手段可能是获得完整磷素形态信息的优先选择。

7.2.6 回收畜禽粪便中氮磷的方法专利

往畜禽粪便中加入氧化剂，静置，往静置后的反应液中加入固磷剂，调节pH值至8～10，获得反应体系；向反应体系施加超声波和磁场，并同时将反应体系在50～80℃下进行加热处理，处理时间为15～90min；将处理后的反应体系静置，固液分离，获得上清液。

向反应体系施加超声波和磁场时，同时将反应体系在50～80℃下恒温加热处理三个周期；其中，第一个处理周期中超声波的功率为80～90W，磁场的磁感应强度为100～300mT，加热温度为50～60℃，处理时间为5～30min；第二个处理周期中超声波的功率为90～110W，磁场的磁感应强度为300～400mT，加热温度为60～70℃，处理时间为5～30min；第三个处理周期中超声波的功率为110～120W，磁场的磁感应强度为400～500mT，加热温度为70～80℃，处理时间为5～30min。具体数值参考如下。

第一个处理周期中超声波的功率为85W，磁场的磁感应强度为200mT，加热温度为55℃，处理时间为15min；第二个处理周期中超声波的功率为95W，磁场的磁感应强度为360mT，加热温度为65℃，处理时间为20min；第三个处理周期中超声波的功率为120W，磁场的磁感应强度为480mT，加热温度为75℃，处理时间为30min。

第一个处理周期中超声波的功率为90W，磁场的磁感应强度为100mT，加热温度为60℃，处理时间为30min；第二个处理周期中超声波的功率为100W，磁场的磁感应强度为400mT，加热温度为60℃，处理时间为30min；第三个处理周期中超声波的功率为110W，磁场的磁感应强度为500mT，加热温度为70℃，处理时间为25min。

第一个处理周期中超声波的功率为80W，磁场的磁感应强度为100mT，加热温度为50℃，处理时间为10min；第二个处理周期中超声波的功率为115W，磁场的磁感应强度为450mT，加热温度为70℃，处理时间为20min；第三个处理周期中超声波的功率为100W，磁场的磁感应强度为400mT，加热温度为80℃，处理时间为20min。

方案使用氧化剂为双氧水溶液、过氧化钠溶液和臭氧中的一种或多种，氧化剂与粪便的体积比为(1～3)∶50，双氧水溶液和过氧化钠溶液的浓度为100～500mg/L。固磷剂为氯化镁溶液和硫酸镁溶液中的一种或两种，固磷剂的浓度为2～5mol/L，粪便与固磷剂的体积比为5∶(3～8)。粪便的含水量为40%～60%。

该技术的有益效果是：通过采用氧化剂和固磷剂使得粪便中的可溶性氮磷溶解在水中，然后通过磁场、超声波的耦合作用，并同时对反应体系进行加热，超声过程中会产生大量能量且水浴加热时会产生一定的热量，可以使粪便中氮磷元素更快速进入水中，粪便中磷酸根离子和铵根离子在磁场的洛伦兹力的作用下发生定向迁移，通过三者的协同增效作用，不仅可以加速粪便氮磷进入水相，提高处理效率；而且可以提高氮磷在水中的溶解率，从而提高氮磷的回收率；该技术还采用了三个不同的处理周期对粪便进行处理，通过每个周期采用不同功率的超声波、不同强度的磁场以及不同温度的加热，使得粪便中的氮磷能够完全进入水中，大大提高了氮磷的回收率，以实现畜禽粪便中氮磷的高效回收，减少氮磷元素流入生态系统，从而减少氮磷元素对生态系统的破坏。该技术采用磁场处理还可以起到对粪便的杀菌作用，从而提高回收得到的上清液的纯度；本方法的操作简单，可以实现粪便中的N回收率达82%以上，P回收率达87%以上。

第 8 章

畜禽粪污恶臭处理技术

随着畜禽养殖业的快速发展，每年我国产生的畜禽废弃物可达到38亿吨（折合氮1423万吨、磷246万吨），而目前畜禽废弃物综合利用率不足60%，畜禽废弃物已成为我国最主要的污染源之一。另一方面，畜禽废弃物是放错地方的资源，合理利用便可变废为宝。关于畜禽粪污常见的资源化处理主要有肥料化、能源化（即沼气与直接生物发电）、基质化、饲料化和材料化（生物碳）“五化”，而往往在这些处理过程都伴随有臭气产生，除臭工艺在此过程中便显得不可或缺。

恶臭物是指能够引起嗅觉器官多种臭感的挥发性有机复合物（VOCs），主要包括三大类：含硫的化合物（硫化氢、甲硫醇、甲基硫醚等）；含氮化合物（氨、三甲胺等）；碳氢氧组成的化合物（低级醇、醛、脂肪酸等）。恶臭污染是七大公害之一，不仅降低环境的质量，使人及其他生物感到不适，严重时可损害身体健康。畜禽粪污作为恶臭主要来源之一，其恶臭是来源于代谢产物和残留养分经细菌厌氧发酵产生的挥发性有机物，而其散发臭气的成分也比较复杂。臭气成分会因畜禽种类、饲料成分、发酵时期的不同而不同。猪粪臭气以低级脂肪酸类为主；鸡粪由于会与尿同时排出，故NH_3和CH_3SSCH_3含量高。臭气成分也会因场合和养殖方式不同而相异。畜禽粪污堆肥的初阶段，由于pH值较低，NH_3挥发较少。随着堆肥温度的不断升高，部分有机酸分解使pH值上升，NH_3挥发量会随之增加。

畜禽养殖场和粪便处理场作为臭气产生的场所，应成为典范。从畜禽饲料、饲养和管理等方面入手，在初期规划和建设就考虑除臭。一是对畜禽饲料进行科学的营养调控，提高畜禽的消化利用率；二是在畜禽饲料中添加活菌可以改善畜禽肠道微生物的发酵特性，减少异味的产生；三是非营养添加剂和气味吸附剂的应用；四是畜禽粪便的物理、化学、生物综合治理。

（1）科学营养调控畜禽饲料，提高畜禽自身消化利用率

使用“理想蛋白质系统”而不是“粗蛋白体系”为基础的饮食，可以改善动物蛋白的利用率和消化率，减少肥料中的氮含量。“理想蛋白质系统”的可消化氨基酸需求与饮食、牲畜和家禽蛋白质饮食可以减少2%～3%。研究表明，猪的饮食蛋白质降低1%，养猪场的氨气排放量可以减少10%～20%，为了确保畜禽的营养需求，减少蛋白质摄入的同时必须提高赖氨酸和蛋氨酸等必需氨基酸的含量。

（2）在牲畜和家禽饲料中添加饲料添加剂，改善牲畜和家禽肠道微生物特性

在牲畜和家禽饲料添加酶制剂-微生物制剂（EM），可促进饲料营养物质的消化和吸收，从而改善牲畜和家禽肠道微生物发酵的发酵特性，也改善了氮的利用，抑制牲畜和家禽的氨浓度，降低氨排放，达到除臭的目的。常用的有机酸包括柠檬酸、乳酸、丙酸等；酶制剂包括蛋白酶、淀粉酶、脂肪酶、酵母、消化酶、复合酶、脲

酶等。使用更多的微态制剂是EM菌剂。EM菌剂是80多种微生物组成的多功能菌群，其中包含有光合细菌、酵母、乳酸菌等，能够有效调节消化道菌群，增加胃肠道活动功能，提高蛋白质利用率。而由于光合细菌可以分解粪素，抑制氨排放，使得EM细菌也具有良好的除臭功能。

(3) 营养添加剂和臭气吸附剂的应用

常用的一些营养添加剂主要包括有大表面积的天然沸石、活性炭、膨润土等，这些物质可以增加牲畜饲料可发酵的糖类，减少畜禽粪便中的氨气浓度。除此之外添加一些植物活性提取物（如洋姜、茶叶、丝兰属植物提取物）也是一种有效的除臭方法。使用香料的香味也可掩盖气味，发挥除臭剂屏蔽应用。

(4) 通过物理、化学、生物等手段综合处理畜禽粪便。

通常采用物理、化学、生物等手段处理粪便中的异味。所谓物理化学除臭方法包括化学法（热氧化、催化氧化、臭氧处理）、物理法（冷凝、吸附、吸收），生物法（采用生物滤池、生物滴滤池、生物洗涤塔等生物反应器）与物理化学技术相比具有操作维护简单、运行成本低的特点，更重要的优点是可以在中温（10～40℃）、常压下进行。微生物分解过程通常是天然的，它通过氧化以产生生态安全的化合物，如二氧化碳、水、硫酸盐和硝酸盐，这是一种环保的除臭过程。故生物除臭方法正逐渐成为净化臭气的主要方法之一。

我国于1993年颁布了《恶臭污染物排放标准》(GB 14554—93)，畜禽粪便资源的综合利用和管理进程得以加速。本章对畜禽粪便生物除臭工艺的发展、原理、特点、种类及最新研究进展进行综述，提出解决畜禽粪便异味污染难题的方向，以做到“过程控制，最终使用”。

8.1 生物处理技术

8.1.1 发展概况

早在1923年，巴赫就深入研究、开发并应用了一种利用土壤滤床去除含有硫化氢等异味气体的生物除臭处理工艺；在20世纪90年代初期，在欧美国家科研成果已被广泛应用于恶臭气体的治理；在2000年，欧洲建立了7500多个废气生物处理系统及相关设施，其中德国和荷兰78%和80%的恶臭控制采用了生物工艺。近年来我国生物除臭技术研究行驶上了高速通道，相关成果也在进一步被广泛应用。

8.1.2 生物除臭工艺原理

生物脱臭的原理如图 8-1 所示，在水、微生物和氧存在的条件下，利用微生物的代谢作用氧化分解发臭物质，以达到净化气体的目的。生物脱臭大致可以分为 3 个过程：发臭物质被载体（固定化微生物）吸附的过程；发臭物质向微生物表面扩散、被微生物吸附，液膜中的恶臭物质在浓度差的推动下扩散到生物膜内，被微生物捕获并吸收，恶臭物质给微生物提供生长所必需的碳源和能源；利用微生物的新陈代谢，将发臭物质氧化分解为无臭味物质。不含氮的物质被分解成 CO_2 和 H_2O，含硫的恶臭成分可被分解为 S、SO_3^{2-}、SO_4^{2-}，含氮的恶臭成分则被分解为 NH_4^+、NO_2^-、NO_3^-。

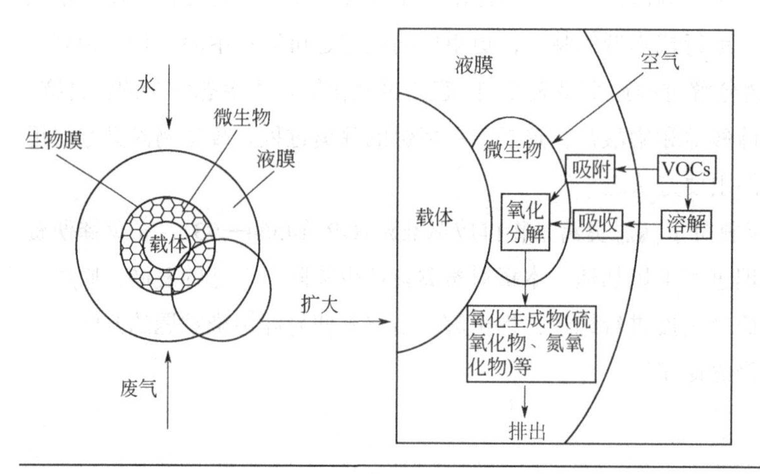

图 8-1 生物脱臭原理

8.1.3 生物除臭工艺类型

臭气的生物处理实际上是一种活性污泥处理工艺。生物过滤器主要有三种类型：生物滤池、生物滴滤器和生物洗涤器。人们根据液相操作（连续操作或静态操作）和液相中的微生物状态（自由分散或固定在载体或填料中）来区分这三种系统。近年来，膜生物反应器、真菌生物过滤器、物化生物组合技术、两相分布生物反应器等新技术已经研发。考虑到畜禽粪便的特点，将现有的常规生物除臭技术总结如下。

（1）生物滤池

生物过滤法是最早的生物除臭方法，也是文献报道最多的方法（占总数的40%），被广泛应用于有机和无机污染物处理。生物滤池的应用是去除废水处理厂、堆肥操作和各种工业中的气味（氨、硫化氢、硫醇、二硫化物等）。生物滤池的一个重要特点是不使用流动液相，这有助于处理难以溶于水的污染物。填料或过滤材料必须尽最大可能满足微生物最佳环境、较大比表面积、结构完整性、高保水性、高孔隙率和低堆积密度的特点。生物过滤中常用的介质是泥炭、土壤、堆肥和木屑。由于木屑 pH 值缓冲能力低、比表面积小和营养成分含量低，故其通常不单独用于生物过滤，而广泛作为泥炭或堆肥活性层的支撑。除此之外，由于以堆肥为基质的生物过滤会逐渐消耗内部养分资源，故需要补充微生物生长所需的营养物质。要么以固体颗粒的形式插入滤床，要么以水溶液形式提供养分。

微生物在特定的 pH 值范围内才是具有最高活性，通常 pH 值为 4.0～8.0。任何高于或低于此范围的微生物都会损害其活性。故可以通过用含有 pH 值缓冲液的营养液冲洗床面来控制 pH 值。生物滤池中使用的微生物代谢是有氧的，需要 5%～15% 的氧气，但氧气含量对生物过滤性能起着重要作用，因为过高的氧气浓度不能提高生物过滤性能。好氧温度微生物分为三个温度类别：20℃以下（嗜酸性粒细胞生长最佳）、20～40℃（嗜温微生物）和 45℃以上（嗜热微生物）。为实现生物过滤器的最大去除能力，可向滤床喷水，推荐的最大水传输率约为 20L/（m^2·h）或加湿污染空气至 95%饱和度。在生物滤池操作的早期阶段，所有过滤床的压降通常很低。通常，随着气体流速的增加，压降几乎呈线性增加。在给定的气体流速下，压降随着生物膜质量的增加和粒径的减小而增加。特别是当粒径小于 1mm 时。运行几个月后，可能需要从滤床上去除多余的生物质。合成床材料通常有助于将压降保持在天然有机物的压降以下，不会导致流量分布不均和窜流。研究表明，在传统生物过滤器中使用天然有机载体和补充填料可以减缓压降的形成并优化流动特性。这些添加剂包括木片、珍珠岩和蛭石，还有报道称使用切碎的 PE 或 PVC。

生物滤池分为开放式和封闭式。开放式将处理后的气体直接排入大气，密闭式将处理后的气体通过排气筒排出。实践表明，开放式的结构件很容易被日晒夜露损坏，必须每 2～3 年更换一次。

生物滤池的主要优点是投资和运行成本低、无二次废物流、低压降和适合处理大量低浓度气体。缺点是处理高浓度污染物效率低下，难控制水和 pH 值，混合污染物影响降解率，床容易堵塞。

生物滤池法的除臭效率受水分含量、pH 值、温度、气流分布均匀性和滤料自然条件等因素的影响。常用的过滤介质有土壤、堆肥、泥炭等，生物过滤除臭方法大致可分为土壤除臭、堆肥除臭、泥炭除臭等方法。另外，将微生物人工固定在填料上，通过固定在填料塔上的微生物的作用去除异味污染物的方法是目前研究最多的除臭方法之一。

① 土壤除臭法。这种方法是人们最早使用的微生物除臭方法。这种方法通过使恶臭气体通过胶体土壤颗粒，利用土壤层中存在的各种细菌、放线菌、真菌、动物、藻类和其他微生物来吸收和分解恶臭气体。土壤除臭一般采用固定床，其组成为黏土 12%、有机肥沃土 15.3%、细砂土 53.9%、粗砂土 2.9%。土层厚度为 0.5～1m，含水率为 40%～70%，pH 值为 7～8，气体流速通常为 2～17mm/s。在土层中加入少量改性剂可提高除臭效果，如加入少量鸡粪和珍珠岩，可提高臭气甲硫醇、二甲硫醚和二甲硫醚的去除率。土壤处理系统在使用一年后会变成酸性，因此需要添加石灰以随着时间的推移调节 pH 值。

② 堆肥除臭法。该方法是以生活垃圾、畜禽粪便、污泥等有机废物为原料，对通过好氧发酵得到的堆肥进行脱臭处理的脱臭处理技术。由于堆肥的细菌生长密度高于土壤，所以整个装置结构紧凑、除臭效果好。据报道，土壤法可在 2min 内去除异味成分，堆肥法可在 30s 内完成。

③ 泥炭除臭法。泥炭除臭是一种以泥炭代替土壤为微生物载体从而进行除臭的除臭技术。泥炭具有价格低、压力损失小、床高可达 100cm、比土壤除臭更透气的特点。

④ 塔式生物滤池。该方法因其合理、高效、占地面积小而成为生物除臭方法的主流。异味通过塔下部，当异味成分通过填料层时，被生长在填料滤料表面的微生物分解，达到除臭的目的。为了供给微生物生长繁殖所必需的水分和养分，冲走生物代谢产物，需要在填料塔顶部连续或间歇喷水。根据对异味成分的捕获过程，塔式生物过滤器大致可分为吸收型和吸附型两种。所谓吸收型，是指由于大量喷水在载体表面形成一层液膜，当异味成分通过时，首先溶解在液膜中，被微生物分解。吸附型喷水量小，水量只需能润湿载体表面的生物膜即可。臭气通过载体并被微生物降解。使用哪种类型取决于气味成分的性质（主要是其在水中的溶解度）。

塔式生物滤池除臭效率高，填料表面能附着大量微生物是非常重要的，因此填料的选择十分重要。作为灌装塔的填料，应具有对异味成分去除效率高、材质优良（强度高、重量轻）、价格低廉、保水能力强等特点。经过多年的研究，目前开发的填料包括多孔陶瓷、硅酸盐材料、海绵、活性炭及其纤维、纤维状多孔塑料和高分子材料。塔内填充床高度和操作条件（气体流量、液体喷雾量等）都会影响去除率。

生物过滤处理技术具有设备少、操作简单、不添加养分、投资和运行费用低等特点。在欧美已广泛用于处理臭味废气，设备和工艺也比较成熟。

（2）生物滴滤池

由于难以有效去除生物过滤器中的 H_2S 和某些有机化合物等污染物，因此出现了更复杂的过滤装置，生物滴滤池或生物滴滤池。生物滴滤池的主要部分是带有一层或多层填料的填料床，表面与培养的生物膜结合。用含有必需营养素的水溶液连续灌溉该床，这些营养物质是附着在生物膜上的微生物生长所必需的。液体营养液由塔顶向塔底均匀喷洒在填料层上，然后从塔底排出，循环使用。除臭过程如下：气味通过填充床并被生物膜周围的水膜吸收（或溶解），然后生物降解到生物膜中。处理后的气体从塔顶排出，代谢物随废液一起排出。由于存在游离液相，生物滴流过滤器可以更有效地处理生物过滤器难以处理的物质类型。

微生物是生物加工的引擎。需氧异养微生物使用烃类化合物作为碳源和能源。当 H_2S 或氨被去除时，主要的降解产物是自养生物。一般来说，污染物是一种能源，大气中的二氧化碳被用作生长的碳源。对于二甲基硫醚或二甲基二硫醚生物降解，应使用自养和异养微生物。

在生物膜生长期间，传质的限制导致暴露的基质层失活，活性初级降解细菌仅代表生物膜中复杂生态群落的一小部分。次级分解者是以初级分解产物为食的代谢物或生物聚合物或捕食者，包括细菌、酵母和其他真菌、藻类和高等生物，如动物、蟑螂、线虫和苍蝇幼虫等。包括高级进化生物在内的二次降解剂非常重要，因为它们可用于降低生物量积累率、参与必要无机养分的回收以及控制生物量的生长。

滤床是影响生物滴流过滤效率的重要因素，因为它为生物膜和气液接触的结合提供了所需的表面积。床料一般采用随机排放的塑料包装或开孔结构塑料或合成泡沫包装。与生物滤池一样，还使用熔岩、轮胎橡胶颗粒、玻璃或陶瓷珠以及有机材料（如木屑）。水相的再循环提供了一种控制水、矿物质营养物和微生物培养物的基本操作参数的方法。同样，液相的组成也影响生物牵引过程的效率。一般来说，渗漏液始终富含基本的矿质营养素，如氮、磷、钾和微量元素。具体的营养需求将取决于几个因素，污染物的类型、污染物浓度和生物反应器的整体操作策略。大多数污染物被生物膜降解。然而，一些污染物也可以被悬浮在循环流体中的微生物生物降解。生物质和一些代谢物以及其余的污染物可以通过液体洗涤去除。

生物反应器床填料应满足以下要求：比表面积大、孔隙率高、化学稳定性和结构强度高、重量轻、表面适合细菌附着生长、成本低、来源广。熔岩常被用作填充材料，其主要优点是大比表面积与多孔结构结合，可促进生物膜的附着固定。塑料床材料具有稳定性好、成本低、孔隙率高等优点，也被许多实验室广泛应用于研究中。生物滴滤池对活性炭基填料的吸附特性非常敏感，然而，生物滴滤器中使用的一些活性炭可能被生物膜覆盖，会降低填料的吸收能力。可将其放置在生物滴滤器前的辅助设备单元中，达到充分利用活性炭的吸附潜力作用。

生物滴滤器通常比生物过滤器更有效，尤其是对于难降解化合物或产生酸性副产物（如 H_2S）的化合物的处理。生物滴滤器的结构也可能比生物过滤器更复杂，这使得占地面积降低。生物滴滤池的主要缺点是由于需要将气体污染物溶解在水相中，因此存在气体传输问题。其适用于亨利系数小于或等于 1 的气味。对于某些污染物，可通过向营养液中添加表面活性剂来提高溶解速率。生物过滤的另一个具体问题是，随着时间的推移，载体表面的生物膜逐渐减少过滤床的自由体积，可能导致压力降过大。在极端情况下，生物膜的形成可能导致过滤床完全堵塞。

生物过滤可以使用气相和液相之间的共流或逆流来进行。在文献中，对于两种系统中哪一种更好，并没有明确的共识，因为交叉流系统已经被 Martel 等测试过。Kraakman 等的研究表明，在传质有限的系统中，流动方向并不影响工艺效率。

（3）生物洗涤塔

生物洗涤塔分为“固定膜”和“悬浮生长”生物洗涤塔两种类型。塔中气味化合物的去除主要涉及以下物理生化原理：吸收，气味化合物由气相转移到水相，污染物的传质强度取决于接触表面积、接触时间和扩散系数；生物降解或生物转化，生物反应器中的活性微生物（异养或自养）将水相中的污染物转化。异养微生物需要从碳源中获取能量和碳以供细胞生长。自养生物从空气中的二氧化碳中获得碳，硫化物被氧化成硫酸盐或硫，为细胞生长和呼吸提供细胞能量。

大多数现有的生物洗涤器设计用于去除单一污染物。为提高污染物的去除效率或操作灵活性，已考虑了各种设计改进，如吸附剂浆液生物反应器、缺氧生物反应器、两相生物反应器、气升式生物反应器、两级生物反应器。为了去除难以降解的含硫恶臭化合物，对微生物的选择非常重要。据报道，小球藻的固定化细胞可以在自养反应中将 H_2S 转化为硫，而异养的黄单胞菌属可以从气流中去除 H_2S。硫杆菌属和抗生素的某些菌株也可降解含硫化合物。

生物洗涤技术具有运行稳定、pH 值和养分投加量等参数的有效控制、相对较低的压降和较小的空间要求等优点。与生物滴滤相比，它避免了生长物料造成的堵塞，可处理流量大、气味浓度高的情况。此外，由于反应产物被洗涤除去，反应器中产生的有毒副产物的浓度保持在较低水平。生物洗涤器的缺点是废液可能产生过多的污泥，而生长缓慢的微生物可能被冲走。此外，由于气体污染物在吸收装置中的停留时间较短，生物洗涤不适合水溶性较少的化合物。对于亨利系数为 0.01 的污染物，应用生物洗涤器可节约成本。吸收器单元提供有利于污染物从气相向水介质传质的气液接触。实践证明，填料塔和喷淋塔吸收器最适合生物清洗，因为其他吸收器对低水溶性污染物的去除效率不高。与 pH 值类似，温度对微生物活性也非常重要。脱氮硫杆菌的硫化物氧化效率在 25～35℃范围内最高，但在 16℃以下显著降低。生物反应器中的悬浮物对不连续的底物供应非常敏感。如果生物反应器的运行中断超过几天，建议继续添加基质以保持较高的微生物活性。通过向生物反应器中吹入空气，溶解氧浓度达到 1～2mg/L，这是充分生物活性的另一个先决条件。

与传统的生物过滤器或生物滴滤器相比，生物洗涤器具有显著的优势，即它可以在更紧凑的工艺装置中产生和维持大量的微生物生物量，同时保持非常高的基质利用率。生物洗涤器技术的发展带来了废气生物处理技术的巨大进步，即去除工业和城市污水处理过程中产生的恶臭化合物。

8.1.4 特殊菌剂——EM 菌

（1）EM 菌相关定义

EM 细菌是由酵母、辐射菌、光合细菌和藻类等多种有益微生物形成的微生物的混合物。EM 菌同时含有降解菌和合成菌，即厌氧菌、兼氧菌和需氧菌。EM 除臭剂中的微生物起着重要的作用，其核心是嗜光和嗜酸乳杆菌，它们的合成能力支持其他微生物的活动，以及它们与其他微生物的共生关系。从生物化学的角度来看，将 EM 除臭剂雾化后改善生活垃圾的过程，也是有机垃圾堆肥的过程。但它和传统堆肥有一个原则上的区别：传统的堆肥技术，仅用于堆肥中的有机物，属于氧化分解系统，利用天然微生物氧化降解降解率慢的有机物，产生各种恶臭气体；EM 除臭剂组是一种酶降解过程，其中氨、硫化氢、甲烷等物质分解过程中产生的有机物对人体有害，是污染源，但它们是有效的 EM 除臭剂微生物的营养物质，通过新陈代谢，EM 菌剂可消除氨气等恶臭物质并生产有用的有机营养物质，变废为宝。

（2）EM 菌剂处理废气

在使用微生物处理气态污染物时，首先要经历从气相转移到液相的过程，然后由微生物在液相中分解，代谢物在液相中部分溶解，部分作为细胞物质或细胞，部分（如 CO_2）释放到空气中。

高效除臭剂微生物主要来源于污水处理厂的活性污垢或土壤，细菌菌株是细菌的复合组分，从驯化和筛选中提取。根据微生物除臭原理研制的生物除臭剂，在载体上固定了高效除臭剂，这些除臭剂被筛入其中，并形成一定的剂量形式，通过时达到除臭效果。

例如，从城市污水处理厂的活性污垢中嫁接的生物过滤器，在低浓度的 H_2S 气体下驯化，建立高效的 H_2S 去污组。日本有学者使用的细菌是从土壤中分离出来的巴氏杆菌，具有很高的分解含脂肪废水的能力，可更有效地抑制脂肪气味。

(3) EM 菌剂制备

引用制备方法的目的在于提供一种在垃圾处理、畜牧养殖、污水处理等过程中除臭用的 EM 菌液制备方法，该菌液中活菌总数不低于 10^9cfu/mL。技术方案如下：将常规的 EM 菌种分为 DFA 和 DFB 两个部分，分别在糖蜜培养基中培养 48h；其中 DFA 培养温度为 37℃，不通气培养；DFB 培养温度为 30℃，通气培养。培养后 DFA 和 DFB 按 9∶1 的体积比混合，随后，30℃密闭发酵，培养 24h，即得除臭用 EM 菌液。

其中 DFA 为不含酵母菌，以细菌和放线菌为主要成分的复合菌种；DFB 为以酵母菌和丝状真菌为主要成分的复合菌种。

所述 DFA 的制备，包括以下步骤。

① 取常规 EM 菌液 4℃下静置 30 天后的上层液体按 1%接种至无菌的糖蜜培养基（按质量百分比计，糖蜜 8%，蛋白胨 2%，K_2HPO_4 0.6%，$CaCO_3$ 3%，自然 pH 值）中，按 90%装液量装入锥形瓶中，密闭发酵，37℃振荡培养 7 天后显微镜检，取无酵母的样品作为 DFA 组分一。

② 取常规 EM 菌液按 1%接种量接种至高温灭菌的 LB 培养基（按质量百分比计，胰蛋白胨 1%，酵母提取物 0.5%，NaCl 1%，培养基 pH 值控制在 7.4）中，按 90%装液量装入锥形瓶中，密闭发酵，37℃振荡培养 7 天后传代，重复上述操作，取显微镜检无酵母菌的样品作为组分二。

③ 利用 LB 固体培养基（按质量百分比计，胰蛋白胨 1%，酵母提取物 0.5%，NaCl 1%，琼脂 1.0%～1.5%，培养基 pH 值控制在 7.4）与 PDA 培养基（按质量百分比计，马铃薯 20%，葡萄糖 2%，琼脂 1.5%～2.0%，自然 pH 值）分离常规 EM 中菌种，除酵母菌外，分别培养分离得到的菌株后按相同比例接种至无菌的糖蜜培养基中，按 90%装液量装入锥形瓶中，密闭发酵，自然协调菌种比例，37℃振荡培养 7 天作为组分三。

④ 以上所得的三种无酵母发酵液均按 3%接种量混合接种至高温灭菌的糖蜜培养基（培养基配方同前）中，按 90%装液量装入锥形瓶中，密闭发酵，37℃振荡培

养 3 天即得新鲜 DFA，新鲜 DFA 与无菌保护液（蔗糖 100g/L、脱脂奶粉 100g/L）等体积混合后–80℃真空冷冻干燥 24h 制成菌粉。

所述 DFB 的制备：取常规 EM 菌液 4℃下静置 30 天后的菌泥，按 1%接种量接种至无菌的糖蜜培养基（培养基配方同前）中，按 25%装液量装入锥形瓶中，通氧发酵，30℃振荡培养 3 天即得新鲜 DFB，新鲜 DFB 与无菌保护液（蔗糖 100g/L、脱脂奶粉 100g/L）等体积混合后–80℃真空冷冻干燥 24h 制成菌粉。

新鲜 DFA 菌液按 2%量直接接种至无菌的糖蜜培养基（培养基配方同前）中，冻干菌粉需经种子培养（采用糖蜜培养基，培养基配方同前），90%装液量，1%接种量，37℃密闭振荡培养 24h 后按 10%量接种至无菌的糖蜜培养基（培养基配方同前）中，发酵罐装液量为 70%，密闭发酵，每隔 24h 搅拌 10min（搅拌时打开放气阀放出气体，防止过压），37℃培养 48h；新鲜 DFB 菌液按 2%量直接接种至无菌的糖蜜培养基（培养基配方同前）中，冻干菌粉需经种子培养（采用糖蜜培养基，培养基配方同前），25%装液量，1%接种量，30℃通气振荡培养 24h 后按 10%量接种至无菌的糖蜜培养基（培养基配方同前）中，30℃通气搅拌/振荡培养 48h；发酵后的 DFA 和 DFB 按 9∶1（体积比）混合后按 70%装液量装入发酵罐或无菌密闭容器，30℃密闭发酵，每隔 6h 搅拌 10min（搅拌时打开放气阀放出气体，防止过压）培养 24h 即得除臭用 EM 菌液。

使用时根据待处理样品差异选择不同的使用方法。待处理样品为固体，如垃圾、粪便或养殖场时，将除臭用 EM 菌液用 20～30℃温水稀释 10 倍，静置 1h 后喷洒表面，按照其臭味浓烈程度，原液使用量为待处理样品质量的 0.1%～1%。待处理样品为液体，如生活污水、便池、工业废水等时，将除臭用 EM 菌液用 20～30℃温水稀释 3 倍，静置 1h 后倾倒至待处理液体中，按照其臭味浓烈程度，原液使用量为待处理样品质量的 0.001%～0.15%。

注意：该方法菌液中酵母类真菌占总微生物比例为市售EM菌液中的10倍以上。通过通气培养，将酵母菌和霉菌等在除臭过程中起主要作用的好氧菌从 EM 菌中分离出来制成 DFB，不含酵母菌的 EM 菌不通气培养制成 DFA，DFA 和 DFB 分别培养至高菌体浓度后复配培养制成除臭用 EM 菌，稀释后喷洒或倾倒至待处理样品中。该法有益效果：菌体浓度高，在培养的前 48h 内无酵母菌和其他菌株间营养的竞争以及代谢产物（乙醇、乙酸和乳酸等）所导致的相互之间的抑制作用，并为生长需求不同的菌种提供了不同的培养条件，使菌体生长旺盛，成品中活菌总数可达 10^9 数量级以上；生产周期短，72h 即可完成发酵；提高了对除臭有显著效果的酵母和霉菌的比例，经检测，本产品菌液中酵母类真菌占总微生物比例为市售菌液中的 10

倍以上，增强了EM菌的除臭效果。

（4）EM菌应用技术

利用高浓度EM菌剂除臭的净化处理系统包括自来水处理系统、处理后的自来水与浓缩药剂配合系统、除臭系统；所述自来水处理系统包括增压泵、三级精细过滤器、超滤过滤器，自来水首先进入增压泵增压后流进初级三级精细过滤器过滤后，再流经超滤过滤器过滤；处理后的自来水与浓缩药剂配合系统包括自动配比泵、过滤器、稀释液水箱，超滤过滤器过滤后的自来水输送到自动配比泵，自动配比泵靠水力将浓缩好的药剂吸入自动配比泵与水混合后输出；稀释后的药液经过可反冲洗的过滤器过滤后输送到稀释液水箱贮存；除臭系统包括喷雾主机及与其连接的雾化喷嘴，贮存的稀释药液经管道输送到喷雾主机，由喷雾主机以高雾状从雾化喷嘴喷洒在污染区。

进一步地，所述管道上设有压力电控开关，压力电控开关与喷雾主机电连；压力电控开关检测到管道内的水压高于设定水压时压力电控开关打开，喷雾主机带电；压力电控开关检测到管道内的水压低于设定水压时压力电控开关关闭，喷雾主机断电。

具体地，还包括控制系统，所述控制系统包括设置在稀释液水箱外的非接触式液位传感器、与非接触式液位传感器连接的控制器，控制器还与增压泵连接；所述非接触式液位传感器包括高位液位传感器、低位液位传感器，高位液位传感器、低位液位传感器与控制器的输入端连接，控制器的输出端与增加泵连接；低位液位传感器检测到稀释液水箱低液位信号，控制器开启增压泵；高位液位传感器检测到稀释液水箱高液位信号，控制器关闭增压泵。

另外，所述可反冲洗的过滤器为PP棉过滤器。再有，所述雾化喷洒头为多个呈树状布设形成喷雾网。相比于现有技术，该方案具有如下有益效果。

① 将高浓度的生物菌剂稀释后应用到养殖场，对养殖场污水池上方的空气进行覆盖，利用高浓度EM菌剂把溶解水中的恶臭物质吸收于微生物自身体内，恶臭物质的活性基团一旦氧化气味就消失，高浓度EM菌剂能有效去除硫化氢、氨气、二氧化硫、甲硫醇等恶臭气体；将高浓度的EM生物菌剂应用到养殖场污水恶臭处理上，相比原采用的集气处理方式，具有除臭效果直接，处理成本低廉，投资运行费用低，无二次污染的优点。

② 现有的养殖场为了解决废气的问题均采用集气装置将污水源局部或整体密闭起来的罩子，其作用原理是使污染物的扩散限制在一个很小的密闭空间内，用风管将集气罩内的气体集中送到除臭吸收塔中，利用吸收塔的活性吸收材料吸收废气中的有机物，从而净化空气；因此养殖场污水处理池上方的废气处理还没有采用EM

菌剂的设想，另外现有的 EM 菌剂主要应用在垃圾处理上，还没有将高浓度 EM 菌剂应用到养殖场的废气处理上。

③ 该种专用的菌剂除臭的净化处理系统结构简单，处理成本低廉，投资运行费用低，无二次污染。

④ 通过精细过滤和超滤自来水，在与浓缩高浓度菌剂自动混合配比，最后对配比后的混合液体再次精细过滤，通过这样的方法配置高浓度 EM 菌剂稀释液。自来水经增压泵增压，流经三级精细水过滤器，再流经超滤过滤器，过滤掉水中的泥沙、悬浮颗粒物、铁锈等杂质，保证雾化喷嘴不被堵塞，延长使用寿命。对混合后的液体的再次过滤是因为，浓缩高浓度 EM 菌剂在存放过程中有些菌种在继续发酵，有些菌种会死去，时间长了会在高浓度 EM 菌剂中形成沉淀物，这些沉淀物不除去会很快堵塞高压喷嘴。

⑤ 对养殖场污水池区域自由设计喷雾网络，每个喷雾网络分配一个喷雾主机，每个喷雾主机统一由一个高浓度菌剂稀释液体罐提供稀释液体，避免每个喷雾主机前面都要配置一套自来水和浓缩菌剂过滤装置。

⑥ 将稀释后的高浓度 EM 菌剂，通过高压泵增压，将稀释后的药水以雾状的形式喷洒到养殖场各种生化处理池的上方，作空气覆盖，这样可有效压制生化处理池上方的臭气弥漫，达到除臭和改善环境的目的。

⑦ 雾化喷洒头为多个，呈树状布设形成喷雾网，在喷洒时对污染区进行密实喷洒，喷洒更加完整，避免喷洒盲区。

8.1.5 特殊菌剂——光合细菌

（1）光合细菌概述

光合细菌（photosythetic bacteria）是一类能利用光能进行光合作用的原核生物的统称，简称 PSB。光合细菌是一类不产芽孢的革兰氏阴性菌，是最早出现的具有光能合成体系的原核生物，能利用自然界中的有机物、硫化物、氨等作为氢供体进行光合作用的微生物。在光合作用时不放氧，并且大部分在厌氧条件下进行光合作用。

光合细菌属于水圈微生物，广泛分布在自然界中，在光线能透射到的缺氧的水生环境中尤其丰富，如湖泊、江河、海洋、活性污泥、水稻土和海藻土中。光合细菌在不同的自然环境中具有多种不同的功能，如脱氢、固氮、固碳、硫化物氧化等多种功能，与自然界中的氮素、磷素、碳素、硫素循环有密切关系。光合细菌适宜生长温度为15～40℃，最适生长温度为28～36℃，大部分光合细菌的最适pH值范围为7～8.5，光合细菌生理代谢中的必需元素有钠、钾、钙、钴、镁和铁等。

光合细菌能利用土壤接受的太阳热能、紫外线作为能源，以植物根部的分泌物、有机物、有害气体、二氧化碳等为基质，合成微生物、植物生长所需的糖类、氨基酸、维生素、氮素化合物、生理活性物质等营养成分，促进其生长，提高抵抗力。

研究显示，光合细菌能降低臭气中的硫化物和氨，主要作用有以下2个方面。

① H_2S(或NH_3)+P+光合细菌→含硫蛋白质→新生细胞+NO_3+S。

② CO_2+H_2O+光合细菌→O_2+葡萄糖→新生细胞。

光合细菌因能合成营养成分，多和其他菌株形成共生结构，因而适合运用于复合菌剂，除自身降低硫化物和氨的能力外，还能给其他菌株提供养分，促进复合菌剂的高效利用。

（2）光合细菌分类

根据《伯杰氏细菌鉴定手册（第九版）》，光合细菌属于原核生物界（Prokaryote）、真细菌纲（Eubacteria）、红螺菌目（Rhodospirillales）中的红螺菌亚目（Rhodospirillineae），现有6个类群包括外硫红螺菌科、着色菌科、红色非硫细菌、绿硫细菌、盐杆菌和多细胞绿丝菌，27个属。其种类繁多，根据不同的呼吸类型可分为好氧型、厌氧型和兼性厌氧型等类型，根据不同的营养类型可分为光能自养、光能异养及兼性异养，根据光合作用过程中是否有氧气的产生可以分为产氧光合细菌和不产氧光合细菌。

产氧光合细菌的典型代表为好氧蓝细菌，不产氧光合细菌是指能在厌氧条件下进行光合作用时不产氧的一类光合细菌，包括紫细菌、绿硫细菌、绿色非硫细菌、含细菌叶绿素a的好氧细菌、螺旋杆菌5个类群。含细菌叶绿素a的好氧细菌与螺旋杆菌存在非常大的争议，因为这两个类群的光合器官和细胞结构特点等与不产氧光合细菌定义不是很吻合，但因为它们含有细菌叶绿素a所以仍将其归为不产氧光合细菌。

（3）光合细菌的形态结构

光合细菌是一群生理上特殊的原核生物，不能形成芽孢，属于革兰氏阴性菌，这类菌体的形态多样：菌体主要为球状、杆状、卵圆形、半环状、螺旋状或丝状，同一菌种在不同培养条件下或不同生长阶段呈现的形态不尽相同；绝大部分以单细胞形其存在，仅有极少数菌的菌体细胞间存在细丝，通过菌丝连成链状丝状体。一般球状细菌的细胞直径为0.3～0.6μm，杆状细菌的细胞大小为（0.5～1.0）μm×（0.9～2.0）μm，有些种的细胞宽度可达到4μm以上，长度在5～10μm，极个别的可以达到 25～50μm，螺旋状细菌的细胞大小通常为（0.7～1.0）μm×（3～5）μm，甚至个别能达到 30～40μm。光合细菌中许多菌种具有运动的特性，多数具有极生鞭毛，极少数长有周生鞭毛，能以鞭毛运动；也有的通过滑行运动，还有的不运动。此外，光合细菌体内存在以细胞膜内折形成的类似叶绿体的囊状载色体，称为光合细菌的光合色素。光合色素主要为细菌叶绿素和类胡萝卜素，目前已发现的细菌叶绿素有 a、b、c、d、e、g 6 种；类胡萝卜素达 80 多种，如螺菌黄素、玫红品、球形烯、番茄红素、叶黄素等。不同光合细菌菌株所含色素的组成和种类不同，因此不同的菌体表现出不同的颜色，如绿色、橘黄色、棕黄色、紫色和各种不同的红色等。有一些光合细菌体内会有气泡形成，但在一定的条件下气泡又会消失；少数种类光合细菌体内还存在荚膜和质粒。光合细菌的繁殖方式主要是二分分裂繁殖，少数是出芽生殖，有的子细胞与母细胞间有柄连接，还有一种特殊的繁殖方式为极性伸长分裂。

（4）光合细菌生长需求

光合细菌的生长需要适当的外部条件和合理的营养，以便快速繁殖和产生高质量的细菌液体。

合适的外部环境如下：基质为纯净的淡水、海水或粗食水。温度为 15～45℃，最适合 28～36℃。光线为阳光（相当于 60W 白炽灯）或光源 4000lx。

光合细菌可以通过细胞壁选择性地吸收碳、氢、氮、磷、钾、钠、钙、镁、硫和一些微量元素。

（5）光合细菌的培养方法

① 培养基使用方法。光合细菌培养基每袋 340g，可培养 50kg 光合细菌（30 亿，即每毫升细菌中活性真菌超过 30 亿），根据光合细菌的营养需要选择不同的营养补充剂，这些补充剂经过了科学的设计和处理。

a．塑料瓶（或玻璃瓶）培养及选择。光合细菌培养容器可选择各种废弃的白色透明塑料瓶或玻璃瓶，如烧瓶、各种饮料和装食用油、葡萄酒和其他饮料的塑料容器，尺寸从 0.5～10L 均可。然后用洁净的塑料容器盛装 50kg 洁净水，剪开培养基 1 包，将培养剂全部倒入并搅拌溶解，制成培养液。将培养液倒入瓶中至容积 80%，向加入菌种。接入量按菌种：培养液=1：5。封口盖盖。室外阳光下培养 3～4 天即可。贮存菌液放在 15℃以下的阴凉处，从而控制光合细菌菌群的生长惯性，避免发生繁殖过盛、光合作用失衡而产生死菌发黑发臭现象。

b．土池养殖。在湖边挖一个深度为 0.5m、面积为 5～10m^2 的湖泊。将池底抹平，放置一块大塑料布，然后向池中注入清水。计算水的体积，并添加相应数量的培养剂和细菌光合溶液。当在阳光下生长时，它可以在 4～5 天内成功培养。如果需要重新培养，只需向池中加入一定量的水和一半的培养物，以进行连续的重新培养。在这种方法中，细菌接种的比例应较大，并且应添加1/3的水。

c．塑料袋培养。应选择用于切屑、压缩空气和高阻力的塑料袋。然后按比例加入一定量的清水、培养基和细菌。把袋子的口和培养物紧紧地系在阳光下。一般来说，它可以在4～5天内成功生长。

d．水泥池养殖。建造一个新的水泥罐，用清水浸泡2～3次，每次2～3天（第一次浸泡时，可向水中添加10×10^{-6}白醋）。为了确保池中的光接收均匀，并保持适当的光照和温度，细菌溶液的深度应在25cm左右。培养1t细菌溶液需要1t清水和20袋培养基。

② 注意事项。需要注意的问题如下。

a．培养水的处理。天然水中有多种细菌，为了保证光合细菌的纯度，防止不同细菌的增殖，在进行细菌光合培养之前，应对天然水进行相应的处理。根据不同的水源，进行以下处理：第一，含氯自来水。在接种光合细菌后，余氯会杀死光合细菌。因此，在接种光合细菌之前，需要将自来水通气2～3天或使用硫代硫酸钠3～10天，喷洒（3～10）$\times10^{-6}$（剂量根据余氯含量确定），以消除水中的余氯。第二，池塘、河流、湖泊或其他天然水在煮沸和冷却后可以使用。

b．光照。夏季温度很高，光线很强时，可在培养池（桶、瓶）上盖上阴影网。光线不足或为了加快培养速度，可在白天或夜间使用白炽灯补光。

（6）细菌光合液的应用

光合细菌培养后，应立即施用或存放在低温、寒冷、黑暗的地方等待。下面简要介绍它们的使用和注意事项。

① 使用。外用：用水稀释细菌溶液，均匀地洒在整个罐内。口服诱饵混合物：随时可供食用。

② 注意事项。不能与消毒剂和抗生素同时使用。使用光合细菌前后一周内不得使用消毒剂和抗生素。在阳光明媚的日子，当水温高于25℃，使用效果最好。为了保持光合细菌的优势菌群，应注意使用范围和剂量，以保持连续性。与细菌混合的诱饵应在几天内喂食。使用前，贮存的细菌溶液必须在阳光下干燥2～3h，活化后喷洒。

8.1.6 结论

以上涉及近百年来臭气处理的历史发展。到目前为止，气味处理的生物方法已经成熟。然而，这些技术在中国的应用相对较晚。气味处理方法的实际应用主要取决于气味化合物的类型、浓度、浓度随时间的变化以及待净化气体的流量（时间流量的变化可能不同）。这就产生了许多气味处理问题，需要不同的工程解决方案。在每种技术中，设备都有一些改进，可供参考。对于特定的臭气处理问题，应研究最合适的技术选择及其最佳应用，以确保污染物的有效去除和令人满意的工艺稳定性。未来的发展趋势包括进一步分离高效生物降解细菌、反应器微生态学、开发更多组合工艺以及提高复杂组分气体处理的同时除臭能力，为了开发更经济、高效、多功能和环保的处理技术。

8.2 物理化学处理技术

恶臭治理是通过物理、化学和生物作用改变气味中污染物的物质相或结构，以达到去除气味的目的。应根据恶臭污染物的性质、类型、浓度、气体排放方式、当地卫生要求和经济条件，针对性采取对应处理方法。

目前，处理气味的物理方法主要有掩蔽中和法、稀释扩散法、冷凝法、吸附法等。化学方法主要包括光催化氧化、热燃烧、催化燃烧等。

8.2.1 物理法

（1）掩蔽法

掩蔽法是在恶臭废气治理中把臭气集中收集后，采用比臭气更强烈的芳香气味与臭气掺和，通过雾化喷淋臭味掩蔽剂中和恶臭的有机气体，以掩蔽臭气，使之能被人接受。

掩蔽消臭剂常见天然芳香油、香料等物质。针对很多难以去除的臭味或者除臭比较麻烦的环境，按比例混合几种有气味的气体，以减轻恶臭。例如杭州大力克化学有限公司的“水性无味避味剂”，是采用先进的高分子纳米微胶囊化技术制备的具有缓释性能的无味遮味剂。其微囊粒径尺度为 20～80nm。它可良好地分散于水性液体中，加入后不会破坏液体的配方平衡；同时因产品的特定性能所致，对真菌、霉菌的产生有着天然的抑制作用，达到一举两得的良好功效。

掩蔽法治理恶臭废气适用范围：适用于需立即、暂时地消除低浓度恶臭气体影响的场合，恶臭强度在2.5左右，无组织排放源。

掩蔽法治理恶臭废气的优点是可尽快消除恶臭影响，比较灵活性；而缺点也是最关键的一点，恶臭成分并没有被去除掉。只是通过散发香气“覆盖”异味，使之闻不出臭味，但是臭味物质依然存在，只是香精“欺骗”了嗅神经，并没有彻底解决臭味污染问题，没有达到真正消除有害气体的目的。且掩蔽法一般成本高，适用于小空间、持续时间相对比较短的恶臭污染，仅用于生活源的恶臭气体的处理。

(2) 稀释扩散法

稀释扩散法是将有气味物质从烟囱排放到大气中进行扩散的过程，目的是逐渐降低有气味物质的浓度。这是一种减少空气污染的自然净化方法。它主要取决于天气条件的变化，如风、湍流、温度分层等。风和湍流对污染物在大气中的扩散和稀释起着决定性的作用。大气中污染物的浓度与污染物的总排放量成正比，与平均风速成反比。如果风速加倍，风向上的污染物浓度将减半。湍流运动使气体的所有部分完全混合，从而使污染物逐渐分散和稀释。稳定分层导致湍流的抑制，而没有稳定分层，由于热湍流的加强，有利于扩散稀释。

该方法必须根据天气条件和当地土壤正确设计烟囱的高度，以确保控制点的气味浓度不超过环境标准。该方法主要适用于处理工业排放源产生的气味。这只是污染物的转移，不包括有气味物质的转化或降解。

(3) 活性炭吸附法（物理吸附法）

活性炭吸附法是利用活性炭、硅胶、活性黏土、沸石等具有较强气体吸附能力的物质去除恶臭物质的方法。活性炭有很多种。应根据有机废气的性质灵活选用，具有较强的吸附能力，特别是在低浓度区域，具有良好的吸附性能、较快的吸附速度和较低的阻力损失，以减小吸附层的厚度；良好的机械阻力，减少再生过程中的损失；再生容易，再生后表面活性好；简单的来源和低廉的价格被用作选择的依据。

在吸附装置中，物质的传递可以以不同的方式进行。吸收床的形式包括固定床、移动床和流化床。移动床和流化床具有良好的传质效果，通常用于处理大量气体。根据吸附理论，降温可以提高吸附效果，吸附温度一般控制在40℃以下。当气体或蒸汽被吸附到固体表面时，就会释放热量。这种热称为吸附热，它与气体的性质有关。吸附热的持续释放会提高吸附床的温度，有时吸附床的温度会显著升高，还会引起火灾或爆炸。安全操作必须控制在其爆炸下限的1/2以下。

活性炭具有较大的比表面积，能够吸收废气中的各种成分。对香味气体浓度适应性强，再生容易，操作简单。特别是具有一定化学性质的活性炭不仅能保持其原有的吸附特性，而且表现出良好的催化化学性能。它能将有气味的物质氧化成低气味或无味的物质并被清除。这种活性炭的再生也比较容易。使用这种活性炭可以显著提高其吸附能力，提高设备的处理能力和效果。主要反应如下：

$$2H_2S+3O_2 \longrightarrow 2SO_2+2H_2O \tag{8-1}$$

$$H_2S+2O_2 \longrightarrow H_2SO_4 \tag{8-2}$$

$$2SO_2+4H_2S \longrightarrow 3S_2+4H_2O \tag{8-3}$$

$$22MOH+5SO_2+6H_2S+O_2 \longrightarrow 6M_2S+3M_2SO_3+2M_2SO_4+17H_2O \tag{8-4}$$

$$4RSH+O_2 \longrightarrow 2R_2S_2+2H_2O \tag{8-5}$$

注：M 代表 Na 或 K；R 代表烷基。

吸附法主要用于气味浓度较低的场合。除活性炭外，两性离子交换树脂、硅胶和活性黏土也常被用作吸附臭气的吸附剂。该方法利用活性炭能吸收气味中的有气味物质的特点，达到除臭的目的。

为了有效除臭，通常使用不同性质的活性炭。用于吸附酸性物质的活性炭、用于吸附碱性物质的活性炭和用于吸附中性物质的活性炭固定在吸附塔中。与多个活性炭接触后，气味从吸附塔排出。该方法效率高，但活性炭吸附到一定量后会达到饱和，必须进行再生或更换。此外，活性炭吸附能力有限，耐湿性低，再生困难，成本高，使用寿命短。因此，这种方法常被用于低浓度气味和除臭剂的后处理，在除臭剂方面，人们正在研究一些新的吸附剂来替代它们。

王宁等开发的含银/锰活性炭纤维，其除臭性能和抗菌性能均优于仅含银或锰的活性炭纤维。金星梅等以堇青石陶瓷片为载体，以过渡金属和稀土金属氧化物为活性组分，研制了 CMT-A 除臭催化剂，对气味有很强的吸附和分解作用。当催化剂中 CuO 质量分数为 5%，Cu/CO 物质的量比为 1∶2 时，催化剂的吸附性能最好。与常用活性炭相比，具有除臭效率高、防潮性好、使用寿命长等优点。

（4）水洗法

水洗法可去除易溶于水的气体组分，也是一种常用的防治臭气的方法（如氨、低品位胺、低品位脂肪酸），这样可以降低恶臭气体的浓度，从而达到除臭的日的。

它适用于水溶性气体和结构化排放源。优点是工艺简单，管理方便，运行成本低。缺点是产生二次污染，需要处理洗涤液，清洗效率低，需要与其他方法联合处理，对硫醇、脂肪酸等处理不良。

8.2.2 化学法

（1）燃烧法

① 热力燃烧法。将臭气与石油或燃料混合后，在高温下完全燃烧，达到臭气处理的目的。该法的应用需要三个条件：一是将恶臭物质与燃料完全瞬间混合；二是燃烧温度应为 600～800℃；三是确保恶臭物质在燃烧室内停留时间超过 0.3s。本法处理空气 5～1000m^3/min，除臭率可达 99.98%。在燃烧时，会产生大量的热量，应加以利用。该法适用于一些使用火炬处理气态废物的炼油厂。

② 催化燃烧法。在催化剂作用下将恶臭物质与可燃气体混合，通过在一定温度下燃烧实现。与热燃烧相比，催化燃烧具有温度低、设备少的优点，而燃烧效率超过 90%，处理成本仅为热燃烧成本的 50%。该法适用于控制恶臭气体浓度低的有害气体，其最高浓度在 0.2%～0.7%。催化燃烧催化剂一般采用铂、钯或其他贵重金属、铜、锰、铁、钴和锌的氧化物，以及稀土化合物。通常催化燃烧的催化剂易中毒，中毒催化剂经过清洗、热处理和酸处理后可恢复活性，使用寿命 3～5 年。该法以净化效率高、运行温度低、能耗少为特点，是一种重要的除臭方法，常用于炼油厂处理恶臭物质。

（2）氧化法

① 臭氧氧化法。采用强臭氧氧化剂对臭气体中的化学成分进行氧化处理，以控制臭气。这种方法包括气相和液相，因为臭氧的化学反应发生得比较慢，通常通过净化试剂去除其中的大部分并随后臭氧氧化。在适宜温度下 O_3 迅速分解为氧分子和氧原子，氧原子具有高氧化性，可与 H_2S、NH_3、硫酸盐等反应。臭氧不仅可以用来去除空气中的气味，还可以处理被污染的水。在接触池底部安装微孔扩散器进行除臭，使 O_3 与水充分接触，同时也大大提高了除臭效率。这种方法需要大量的能源，处理成本也很高。

② 催化氧化法。在催化剂作用下，恶臭物质可氧化转化为无味或弱臭物质。以二氧化钛为光催化氧化剂进行常规光催化氧化，可更有效地去除异味。近 20 年前的一项研究发现光催化技术直接将空气中的 O_2 用作氧化剂，反应条件温和。典型的光催化剂主要是金属氧化物和硫化物，更有效的是 TiO_2 和 ZnO，其中 TiO_2 的应用最为广泛。超微颗粒（纳米材料）二氧化钛、氧化锌吸收紫外线后，产生电子和空穴使吸附水氧化为自由基 ·OH，空气中的氧气还原为 $·O_2^-$，形成氧化过氧化物，从而有效地氧化有害气体，并最终将其分解为二氧化碳、H_2O 等小型无机分子，完成

除臭。

③ 高铁盐酸溶液法。配制采用高氯酸法。有两种方法：第一种是 NaClO 氧化 Fe^{3+}盐制得 FeO_4^{2-}与 ClO^-共存的碱性溶液，形成复合型高铁酸盐溶液；第二种是通过重结晶制得 K_2FeO_4，将之溶于碱溶液，形成纯高铁酸盐溶液。高铁酸盐具有氧化性能，其去除还原性 H_2S 的效率达到 99%以上，效果显著，且其对其他臭源物质也有非常显著的作用。

④ 其他氧化法。吸收液为次氯酸盐或过氧化氢水溶液，恶臭气体通过吸收液，使得恶臭物质的氧化分解，实现脱臭。

（3）吸收法

酸碱吸收法是一种使用酸（硫酸、盐酸等）和碱（氢氧化钠等）化学品去除废气中水溶性成分的方法。氢氧化钠对硫化氢和低脂肪酸有明显的吸收作用，而硫酸和盐酸对氨及胺类有明显的吸收作用。具体分类如下。

① 水吸收法。将有气味的物质与水接触并溶解在水中，以达到除臭的目的。该方法适用于水溶性恶臭物质的处理，但存在二次污染问题，只能作为预处理方法使用。

② 酸吸收法。采用酸吸收法净化碱性恶臭物质。通常，稀盐酸或稀硫酸用作吸收溶液。该方法需要处理吸收后产生的残余液体。

③ 碱吸收法。采用碱吸收法净化酸性恶臭物质。该方法必须处理吸收后产生的残余液体。

④ 其他化学吸收方法。日本有学者使用 Na_2SO_3 溶液吸收醛类气体。佛罗里达州废水处理厂通过向消化污泥中添加 $FeCl_2$ 或 $FeCl_3$ 吸收 H_2S 臭气。

拓新化工的除臭产品天然植物提取液 SORB 101，主要就是针对垃圾填埋场、垃圾中转站研发出的一款高效除臭吸味剂。天然植物提取液 SORB 101 是以天然植物提取液为成分，是一种棕色的液体，无毒无污染，高效天然植物提取液原料，能有效去除垃圾臭味及抑制臭味产生，作用持续时间长，使有机废物快速地自然分解，结合恶臭分子化学反应的原理，快速分解垃圾臭味的同时抑制各种异味生成，如硫化氢、硫醇、挥发性脂肪酸和氨气等。

其无毒无污染，使用条件限制少，非细菌、酵素、化学品；标本兼治，快速分解垃圾臭味的同时抑制各种异味生成，迅速除臭且持续时间长；快速去除臭味，非臭味掩蔽剂；高浓度，经济费用低于其他处理方式；使用安全，操作简单；适用于垃圾房、小区垃圾中转站、垃圾填埋场等有垃圾臭味的场所。

a．小压站、中转站。配合垃圾除臭专用设备 20～50 倍稀释使用，达到去除空气臭味和垃圾改性抑制臭味产生的效果。

b. 垃圾填埋场。将垃圾除臭剂加 200～500 倍水稀释后，用于垃圾填埋场的直接喷洒。达到去除空气中垃圾臭味和垃圾改性抑制臭味产生的效果。

c. 垃圾房、垃圾临时堆场。将垃圾除臭剂加 10～20 倍水稀释直接喷洒垃圾表面，达到去除空气中的垃圾臭味和垃圾改性抑制臭味产生的效果。

吸收装置的类型有很多，如喷淋塔、填料塔、洗涤器、气泡塔、筛板塔等。考虑到吸收效率、设备本身的阻力和操作难度，可选择塔种类，有时可以选择组合多级吸收。重点解决不造成二次污染和废物处置的问题。

8.3 恶臭处理综述

一般来说，臭气控制是困难的，主要是因为有气味的物质不仅成分复杂，而且嗅觉值低。臭气浓度不会随着臭气浓度的降低而线性降低。在某些情况下，即使有气味物质的净化效率非常高，也很难满足无气味要求。同时，废水处理系统中不同处理段的臭气排放量差异很大。在实际处理恶臭气体污染物时，应根据实际处理对象和处理过程的特点考虑相应的控制措施，并根据恶臭物质的来源、浓度、性质和处理要求确定。对于低排放污水处理厂，可采用一些投资少、运行成本低的设备。对于气味来源大、靠近居民区的装置，必须选择生物法等效果明显的设备，也可以采用组合净化系统。

第9章

畜禽粪污其他资源化利用与处置技术

随社会经济发展速度不断加快，建设生态文明农业成为关系人民福祉、关系国家昌盛的重中之重。党的十九大将生态文明建设工作纳入中国特色社会主义事业总体布局内，强调发展资源节约型、环境友好型及生态保育型农业，转变农业发展方式。而应用先进的畜禽粪污资源化利用技术，能更好实现粪污资源的循环利用目标，最大限度地提升禽畜养殖业经济效益与生态效益。

禽畜粪污资源化利用技术主要是将饲草种植、草产品加工、禽畜养殖与生物有机肥生产融合在一起，形成新型的种养结合模式。

动物和家禽粪便的收集通常在养殖过程中完成。收集方法主要包括干清粪、水冲粪和水泡粪。干清粪工艺是一种通过机械或手动方式收集和清除动物和家禽排出的粪便的方法。尿液、粪便和废水从下水道排出。因此粪便和尿液可在源头进行大体分离。水冲粪工艺是指将畜禽排泄的粪便、尿液、粪便水混入粪便沟，每天用水冲洗几次，粪便水沿粪便沟流入粪便沟后排放的粪便清洗工艺。水泡粪工艺是将一定量的水注入畜禽舍的粪便排水沟，混合液排入漏粪地板下的粪便沟。一定时间待粪便沟灌满后，打开出口闸门，排水沟中的粪便水沿粪便沟流入粪便主干沟排出。

故将禽畜规模化养殖产生的粪污集中收集，经过干清粪工艺或干湿分离等方式将固体废物分离出来，添加牧草秸秆等辅料生产成优质的有机肥料，使禽畜粪污排泄物得到减量化、无害化、可持续化处理。

9.1 液体粪污处理技术

9.1.1 液体粪污生产沼气模式

（1）简介

综合利用沼气是防治畜禽养殖废弃物的重要手段之一。畜禽场沼气工程是以畜禽场的粪便为原料，在隔绝氧气的条件下，通过微生物的作用，将其中的碳元素分解为可燃气体（沼气）的一种转换装置。一个完整的沼气工程项目应具备消除污染、产能和综合处置三大功能，即厌氧消化后，动物粪便可产生优质能源，实现生物质资源的多层次利用和综合利用，做到处理废物和净化环境双达标。这也是畜禽养殖场沼气工程建设的基本目标和要求。利用畜禽粪便进行厌氧发酵，发酵产生的沼气成为廉价燃料，分离的沼渣成为优质肥料，既保护了环境，又提高了经济效益。相关实践和研究表明，粪便和尿液的厌氧发酵可以灭活寄生虫，消除异味，减少对土壤、水和大气的污染；制成肥料可以增加土壤中的有机物质、总氮、碱解氮、速效磷和土壤酶的活性，减少作物病害，减少农药使用，提高作物产量和质量；此外，沼气污泥还含有 17 种氨基酸、多种活性酶和微量元素，可作为动物和家禽饲料的添加剂。

例如，一个万头猪场的年总能量产出为 158.3 亿千焦，而猪粪产能是 54.1 亿千焦，占总发电量的 34%，相当于 185t 标准煤。沼气是利用这部分能源的好方法，它不仅可以解决能源问题，而且可以改善生态环境。事实证明，经过沼气生物工程处理后的猪粪，污染指标大大降低，病原菌（大肠杆菌、沙门氏菌等）和寄生虫卵也被大量杀死。在北京东郊的苇沟猪场，猪粪和尿液产生沼气后的残渣液体未检测到大肠杆菌、沙门氏菌和寄生虫卵。

沼气产生条件需要厌氧、适宜的温度环境和充足的有机物。为了保持产气均衡，发酵罐和待添加的粪便原水必须进行保温和加热，以保持适宜的产气温度（35℃），故须与发酵罐配合建立猪粪便预热罐。北京东郊苇沟猪场采用“三段加热法”，即利用沼气生产后的沼液回流预热罐和太阳能集热板进行热交换，对新料液进行加热，利用沼气炉对发酵罐中的料液进行加热，从而保证了沼气产生的适宜温度条件。

我国各地均有沼气池处理畜禽粪便，其工程收益主要来自出售沼气和颗粒有机肥；制造再生饲料；用于农田替代化肥并达到增产增收等。但沼气工程建设的投入费用比较大，投入产出相比较后，综合效益有好有坏。我国畜禽场沼气工程的规模大多数属于中、小型规模，意味着这些沼气工程若按市场经济的机制运行，在经济上缺乏获益的能力。

沼气处理具有集中统一处理农场粪便和污水、能源利用效率高的优点。缺点是能源产品利用困难，沼液量大且集中，处理成本高。它需要配备后续处理和利用流程。因此，该模型适用于大型养殖场或集约化养殖区，具备沼气发电上网或生物天然气进入管网的条件，需要地方政府的配套政策保障。

（2）典型案例

① 依靠大型养殖场粪便污水的专业化能源利用。以北京和安生物能源科技有限公司为例，该公司每年销售 20 万头生猪，与全县 32 家养猪场和合作社签订了粪便和尿液收购协议，统一收集和处理，政府部门对粪便和污水的收集定价。企业投资 9633 万元建设 2 万立方米沼气工程，每天可处理畜禽粪便 $800m^3$，年产沼气 660 万立方米，安装了 2MW 的沼气发电机组，上网电价为 0.75 元/（kW·h），2016 年发电 1512 万千瓦时，实现发电收入 1134 万元。沼液进行固液分离，固体部分生产有

机肥销售，液体部分就近还田利用、制成水溶肥，年有机肥销售收入1300万元，未利用的沼液进入城市污水处理厂深度处理后达标排放。

② 依托第三方粪污处理企业进行专业化能源利用。以开启能源科技有限公司为例，通过16辆全封闭式吸粪车定期到养殖场收集固体粪便，年收集量18万吨，占全县的72%。公司投资8000万元，建设了厌氧发酵沼气工程，形成2MW发电机组并网发电，年发电量达1200万千瓦时，发电上网电价1.1元/（kW·h），年发电收入1320万元。沼渣生产有机肥1.6万吨，年收入400万元；沼液进行浓缩处理，10倍浓缩生产液体浓缩肥，年产量约1.5万吨，剩余90%的沼液深度处理达标排放。

9.1.2 液体粪污肥料化利用模式

中国科学院沈阳应用生态研究所提出一种粪污肥料化利用技术。在畜禽粪便中接种微生物复合菌剂，利用生化技术和微生物技术使有益微生物快速繁殖，快速分解粪便中的有机物，将大分子物质转化为小分子物质，产生生物能，抑制或杀死细菌、虫卵等有害生物；在矿化和腐殖化过程中，释放出氮、磷、钾、微量元素等有效养分；吸收和分解气味和有害物质。而后，在其中加入适量无机营养、腐殖酸氮肥增效剂及磷钾螯合剂等，实现各种营养物质的均衡，制成高效、无公害的生物有机肥。采用的氮肥长效增效缓释技术及菌种保护剂技术，提高肥料利用率10%以上，增产15%以上，产品达到国家相关标准要求，获得技术鉴定成果和科技进步奖。

一般液体粪污堆肥化利用模式按发酵方式可分为垫料回填模式和异位发酵床模式。

（1）垫料回填模式

畜禽养殖场产生的污水经厌氧发酵或氧化塘处理贮存后，在农田需肥和灌溉时，将无害污水和灌溉水按一定比例混合，水肥结合施用，固体粪便就近堆肥发酵然后施肥。

优点：污水经厌氧发酵或氧化塘无害化处理后，可为农田提供有机肥料和水资源，解决污水处理压力。

不足：需要有一定的仓储设施和一定的周边农田面积；建设配套的粪水输送管网或购买粪水运输车辆。

适用范围：适用于周边有一定面积农田的大型养猪场或奶牛场。在南方，应利用厌氧发酵生产沼气和其他无害化处理。在北方，应直接利用氧化塘贮存，在农田作物灌溉和施肥过程中进行水肥综合施用。

典型案例如下。

①“果-沼-畜”水肥一体化利用。以陕西延安梁家河流域千亩生态果园水肥一体化工程为例，项目总投资220万元，按照“斤果斤肥”的技术标准，在梁家河山地苹果园建设了200m^{3}沼气工程和1000亩水肥一体化示范工程，年可处理梁家河流域畜禽养殖场粪污1800t；年可产沼液1600t，可满足梁家河流域1000亩苹果园有机肥施用。通过“果-沼-畜”模式实施，使梁家河流域畜禽粪污资源化利用，达到了区域内全消纳，有机肥（沼渣沼液）替代化肥达到了60%。

② 污水厌氧发酵集中收集还田利用。以龙游县箬塘村为例，村内6家规模养猪场，近1.5万头生猪，污水经厌氧发酵无害化处理，沼液与村里3800亩种植基地相配套，通过集中布网还田利用，共建有沼液池1.8万立方米，铺设灌溉管网近18km，年消纳沼液约6万吨，减少化肥使用约300t，按每亩节约化肥150元计算，每年可节约成本50万元以上，种植户得到了实惠。

（2）异位发酵床模式

在传统发酵床培养的基础上进行了改进，垫料不直接与生猪接触，猪舍不用冲水。粪便和尿液通过漏水的地板进入下层铺垫材料，或与铺垫材料一起转移到屋外的发酵罐中进行发酵分解和无害化处理。经过一段时间后，它们可以直接用作农田的有机肥料。

优点：投料过程不产生污水，处理成本低。

不足：难以购买填充物进行大规模推广；粪便和尿液混合水含量高，发酵和分解时间长，在寒冷地区使用受到限制；高架发酵床猪舍建设成本高。

适用范围：主要适用于南方水网地区耕地有限的养猪场。室外发酵床适用于年产1000～2000头猪的养殖场，高架发酵床适用于较大型养殖场。

典型案例如下。

① 中小型养猪场屋外的发酵床。以温氏家庭农场模式为例，全年有500头猪存栏，每年有1000头猪出栏。猪的粪便和尿液被清理到屋外的棚子里。棚内设发酵床，底部铺设锯末、稻壳、蘑菇渣等。粪便、尿液通过机械（管道）或人工均匀分散翻堆，定期添加菌种。土建及设备投资4.3万元。每只上市肥猪可增加有机肥销售收入约3元，实现污水零排放。

② 大型猪场的高架发酵床。以广东东瑞食品集团有限公司为例，采用两层结构的高架猪舍养猪，其中上层养猪，下层利用微生物好氧发酵原理，以木糠等有机垫料消纳粪尿，生成有机肥料。万头猪场的土建和设备投入约620万元，减少污水处

理设施投入约180万元，与传统养殖模式相比，增加投入约110万元。在运行费用方面，年有机肥收入54万元，每年需要垫料35万元，人工费用、电费等费用18万元，收入和支出基本平衡。

9.1.3 液体粪污综合利用模式

（1）尿泡粪、干湿分离、沼气处理、农田利用技术模式

使用尿泡粪收集与处理粪污排泄物的方式，确保粪尿能通过漏粪地板自动掉入粪沟，将粪尿混合物收集在一起进行干湿分离处理。分离出的固体作为堆肥主要材料，分离出的液体进行沼气处理。此种尿泡粪方式所采用的漏粪地板不必清除废物，切实控制人力资源投入。

尿泡粪漏粪地板需要漏粪地板下部分沟深为0.8～1.5m，需要在养殖场内安装通风系统感应装置。发现有害气体超标后换风装置自动运行，保障畜禽安全。在粪污干湿分离期间，要求从粪沟排出的生物排泄物应进入调节池充分拌匀，运用专属管道输送至干湿分离装置内，确保粪污固体含水量在50%之内。

（2）尿泡粪、沼气处理、农田利用技术模式

该畜禽粪污资源化利用技术主要是利用尿泡粪工艺，将禽畜粪尿混合物收集在一起，集中在沼气池内处理，确保生成的沼液及沼渣可被有效利用在农田种植中。由于铺设漏粪地板节省了清粪环节，最大限度实现了组织规模化生产目标。同时，由于无须对粪污进行干湿处理，粪尿全部用于沼气处理中，使产气量符合预设目标，最大限度地提升了禽畜粪污资源化利用期间的经济效益。

9.2 固体粪污处理技术

9.2.1 固体粪污堆肥利用模式

（1）简介

畜禽粪便用作肥料是我国劳动人民在长期的生产实践中总结出来的，促进了农业的增产丰收。过去家庭式饲养，畜禽粪便较易收集，采用填土垫圈的方式或堆肥

方式去利用家禽粪便，形成农家肥。长期以来，人们一直利用农家肥给作物施肥，也就有了“庄稼一枝花，全靠肥（粪）当家”的谚语。

堆肥是指在微生物作用下通过高温发酵使有机物矿质腐殖化和无害化而变成腐熟肥料的过程。在微生物分解有机质过程中，生成大量可被植物吸收的有效氮、磷、钾等化合物，且又合成土壤肥力重要活性物质腐殖质。杀灭病原菌、虫卵及杂草种子，同时快速地将有机质降解为稳定的腐殖质，转化为有机肥，解决了发酵周期长、处理不彻底的难题，实现畜禽粪便无害化和资源化处理。

浙江省农业科学院提出一种对畜禽粪便进行生物脱水的堆肥方法。它在添加生物发酵菌剂的情况下将畜禽粪便平摊后添加蝇蛆进行发酵，发酵周期为 7～12 天，发酵条件为 10～22℃。利用微生物协同作用降低畜禽粪便堆肥的起始含水率，充分发挥堆肥发酵菌株作用，免去调节畜禽粪便含水率的辅料添加，降低畜禽粪便处理成本，提高堆肥质量。同时，蝇蛆养殖又提供大量高质量饲料蛋白和进一步深加工的原料，使有机废物得到更好的循环利用。这是减少环境污染、充分利用农业资源最经济有效的措施，可以实现环境保护和农业“双增长”的目标。

从我国畜禽粪便的利用情况来看，不同畜禽粪便的利用情况差异很大。鸡粪营养丰富，水分含量低。大中型养鸡场、养鸡户和专业村的鸡粪作为肥料充分供应给农民，并得到充分利用。牛粪、猪粪含水量高，运输极不方便。在一些地区，猪和牛粪被随意堆放。此外，畜禽粪便生产与农业用途存在季节性差异，猪、牛粪利用率较低。据调查，在一些地区，猪粪和牛粪的利用率仅为 30%～50%，而且一半以上的牛粪没有得到利用，造成了资源的极大浪费。

随着畜禽集约化养殖的发展，畜禽粪便日益集中，部分地区建成了一批畜禽有机肥生产厂。所采用的方法包括厌氧发酵法、快速烘干法、微波法、膨化法、充氧动态发酵法。目前，北京市普遍采用快速干燥法利用鸡粪。该方法能及时烘干大量湿鸡粪，避免污染，减少堆放地点，便于贮存、运输和销售。及时烘干的新鲜鸡粪也可用于回收饲料。北京峪口鸡场、俸伯鸡场已建成鸡粪加工厂，年可生产干鸡粪 1 万吨。随着我国有机食品和绿色食品的发展，对有机肥料的需求也在不断增加。利用畜禽粪便生产有机肥具有一定的市场前景。但是，利用畜禽粪便生产的有机肥作为资源利用的比例仍然很低，对上海市有机生产进行调查，商品有机肥产量仅占畜禽粪便总量的 2%～3%。

由于我国农业化学的发展，自 1964 年以来，化肥在农业中得到了广泛的应用。在许多地方，化肥的使用已经取代了传统的有机肥料。特别是随着畜禽养殖业集约化养殖的快速发展，养殖业与种植业更加脱节，畜禽粪便利用率极低。堆放在农场的畜禽粪便或粪便便池不使用，不可避免地会严重污染环境。在一些农村地区，庭院畜牧经济和专业化畜牧户的出现，形成了畜舍与民房并存的局面。畜禽粪便通常堆放在农户房屋前后，甚至河边。降雨期间，粪便随雨四处流淌，严重污染环境，这也造成了巨大的资源浪费。

综上所述，固体肥料堆肥具有一定的优势和劣势。好氧发酵温度高，粪便无害化处理完成，发酵周期短；堆肥处理提高了粪便的附加值。然而，好氧堆肥过程容易产生大量的臭味。因此，应用范围仅限于只有固体粪便且无污水的大型肉鸡、蛋鸡或绵羊养殖场。

(2) 典型案例

① 规模化猪场的有机肥料生产。以湖南鑫广安有机肥处理中心为例，公司投资2500万元，建设了面积1万多平方米、年生产能力4万吨的有机肥生产基地。收集的猪粪、沼渣、稻壳粉等辅料按一定比例混合，进行罐式发酵或条状堆肥发酵，后熟，经干燥筛选等生产商用有机肥。除了每年处理自身农场约18000t固体粪便和沼渣外，基地还通过 8～15 人的专业粪便收集团队收集处理周边中小农场约 12000t粪便或沼渣。2016年实际生产有机肥1.3万吨，平均每吨利润约100元。

②肉鸡规模养殖场有机肥生产。以四川玉冠鸡粪集中处理中心为例，采用“公司+农户”饲养肉鸡，存栏种鸡35万只，养殖户年出栏3000万只肉鸡，所产粪便集中处理，用以生产商品有机肥。该公司投资约1100万元，建成年生产能力达到4万吨颗粒有机肥的生产线。收集的鸡粪和蘑菇渣等辅料按照一定比例混合后，堆肥、腐熟生产颗粒有机肥。

9.2.2 固体粪污饲料化利用模式

利用畜禽粪便作为饲料，即畜禽粪便资源的饲料化，是畜禽粪便综合利用的重要途径。

早在1922年，有学者就提出了动物粪便是饲料营养成分的观点，由此对粪便饲料化展开了深入详细的研究。发现畜禽粪便中所含的氮、矿物质和纤维素可用于替代饲料中的某些营养成分。由于畜禽粪便携带病原菌，加之畜禽粪便饲料的环境效益和经济效益都不是很明显，限制了畜禽粪便饲料的发展。20世纪70年代以来，随着畜牧业和化肥工业的发展以及全球能源和粮食短缺的出现，畜禽粪便饲料再次受到重视，进而加速了相关技术和利用的发展。

（1）畜禽粪便饲料化的可行性

① 畜禽粪便的营养成分。畜禽粪便的营养成分和消化率是多样的，取决于动物的类型和年龄、动物的不同生长期、粪便收集系统、粪便贮存形式和时间、饲养管理模式和饮食配方。畜禽粪便的营养成分见表 9-1。

表 9-1　各类粪便的营养价值

项目	童子鸡（肉鸡）	产蛋鸡（笼养）	肉牛	奶牛	猪
粗蛋白质的质量分数/%	31.3	28	20.3	2.7	23.5
真蛋白质的质量分数/%	16.7	11.3		12.5	15.6
可消化蛋白质的质量分数/%	23.3	14.4	4.7	3.2	
粗纤维的质量分数/%	16.8	12.7			14.8
其他浸出物的质量分数/%	3.3	2		2.5	8
可消化能（反刍动物）/（kJ/g）	10212.6	7885.4		123.5	160.3
代谢能（反刍动物）/（kJ/g）	9128.6				
灰分的质量分数/%	15.0	52.3	11.5	45	
总硝化氮（反刍动物）的质量分数/%	59.8	28	48	16.1	15.3
Ca 的质量分数/%	2.4	8.8	0.87		2.72
P 的质量分数/%	1.8	2.5	1.60		2.13
Cu 的质量分数/%	98	150	31		63

畜禽粪便的营养成分除表 9-1 所列之外，还存在有大量维生素 B_{12}，干猪粪中维生素 B_{12} 含量甚至可高达 17.6μg/g。往往粪便中的常量和微量元素含量与口粮成正相关。鸡粪中的非蛋白氮十分丰富，占干重总氮的 47%～64%。

② 畜禽粪便饲料化的安全性。畜禽粪便营养丰富，但却也是有害物质的潜在来源，包括病原微生物（细菌、病毒、寄生虫）、化学物质（如真菌毒素）、杀虫剂、有毒金属、药物和激素。但经各国学者对饲料的安全性进行的广泛研究，一致认为经过适当处理后，使用带有潜在病原体的畜禽粪便作为饲料是安全的。不过需注意的是，畜禽粪便饲料化时，禁止使用治疗期的粪便；在屠宰动物之前，减少使用粪便饲料或停止使用粪便饲料。

③ 畜禽粪便饲料对畜牧生产的畜产品的影响。用粪量占日粮 24%的鸡粪喂牛，试验组和对照组的日增重分别是 1.10kg/头和 1.07kg/头，日摄入的干重是 6.34kg/头和 6.61kg/头，饲料和增重比分别是 6.49 和 7.25。鸡粪（占干重的 17%）可作为羊的粗蛋白质的添加成分。奶牛饲料中加入 12%的干鸡粪，可提高乳产量。据进一步研究表明，鸡粪喂牛不影响鲜肉的等级和风味，也不影响乳的成分和风味；猪粪喂

猪和牛粪喂牛皆不影响肉质，仅是硬脂酸有变化。

④ 经济效益。Fontenot 和 Ross 通过分析比较得出了使用畜禽粪便的经济效益参考值，如表 9-2 所示。与其他利用方式相比，畜禽粪便饲料化的经济效益最高，但部分畜禽粪便尤其是猪粪的经济效益差异不明显。家畜粪便用于生产沼气，其作为肥料和饲料的残留量可以提高经济效益，但不如粪肥饲料化效益高。

表 9-2　畜禽粪便不同使用方式的经济效益

粪便种类	收益/（元/t）			收集粪便的费用/（元/1000t）		
	肥料	饲料	沼气	肥料	饲料	沼气
肉牛	25.06	118.14	13.73	416800	1890240	219680
奶牛	17.00	118.14	12.74	348086	2425094	259360
猪	18.61	136.57	17.17	103063	756325	95087
蛋鸡（笼养）	36.45	155.14	17.93	118791	505601	58401
童子鸡	26.54	159.57	16.29	64598	388393	39650

（2）畜禽粪便饲料化的方法

畜禽粪便经适当处理可杀死病原菌，便于贮存、运输、改善适口性，并能提高蛋白质的消化率和代谢能。畜禽粪便饲料在国外早已商业化，许多加工方法和设备已获得专利。畜禽粪便饲料化在我国也开展了多年，积累了一定的经验，但离商品化还有一定的距离。

① 干燥法。干燥法是鸡粪最常用的处理方法，也是一种常见的处理方法。可分为自然干燥和人工干燥，具体方法有很多种。

a. 自然干燥。小型鸡场收集的鸡粪可单独与一定比例的麦糠混合，拌匀后堆放在干燥处，晒干；干燥后筛除杂质，粉碎并放置在干燥处。可以用作饲料。

b. 塑料大棚自然干燥。这是日本金子农机股份有限公司首创的一种简易鸡粪干燥方法，将鸡粪运至塑料大棚，用干燥搅拌机烘干，鸡粪干燥后停止工作。这种方法不怕雨淋，不需要燃料，成本低，适合在我国使用。

c. 高温快速干燥。目前，许多国家使用快速干燥机（脱水机）进行人工干燥。其优点是能充分保留鸡粪中的营养成分（损失仅 4%～6%），并可达到除臭、杀菌、除草的作用。鸡粪的原始含水量为 70%～75%，经干燥机处理后，在 500～550℃高温作用下，短时间（约 12s）内，含水量可降至 13%以下。

d. 烘干法。将鸡粪倒入烘干箱内，在 70℃下加热 2h，140℃下加热 1h 或 180℃下加热 30min，即可达到干燥、杀菌、耐贮存的效果。

干燥法处理鸡粪的效率最高（表 9-3），而且设备简单，投资低。但快速干燥和烘干法消耗能源较大，并且氮有部分损失。一般人工干燥法只适用于大型畜牧场。

表 9-3 干燥法处理粪便效率

粪便种类	处理速度/(kg/h)	湿度/%		燃料消耗/(L/h)	电消耗/(kW•h)	效率/%
		处理前	处理后			
鸡	155	76.3	11.1	9.1	4.2	71.8
牛(含2%草)	110	82.4	12.0	9.9	4.2	51.6
猪	100	72.2	12.5	9.1	4.2	44.1

② 青贮法。畜禽粪便可单独或与其他饲料一起青贮。这种方法经济可靠，投资少或不需投资（只需简单的青贮设备，一般的牧场都有），且能耗低，产品无毒无味，适口性强，蛋白质消化率和代谢率显著提高，间接节约饲料成本。青贮后的鸡粪可按2:1的比例饲喂牛。25%～40%的牛粪经青贮后可再次喂牛。其中，鸡粪青贮效果最好，猪粪次之，牛粪最差。

③ 需氧发酵。该方法投资少，产品改变了粪便的许多特性，生产出适合单胃动物的饲料。在处理过程中，需要充气、加热和产品干燥，消耗大量能源。使用氧化沟可省去产品干燥过程。氧化沟混合液可作为动物饮用水。动物日杂粮中蛋白质含量可降低15%。每头猪的粪便每天需要消耗0.44kW•h的电力，蛋鸡每天需要消耗0.021kW•h的电力。

④ 分离法。目前，许多畜牧场（尤其是猪场）使用冲洗式清扫系统，收集的粪便为液体或半液体。如果采用干燥法和青贮法处理粪便，能耗太大，造成能源浪费。分离法是通过选择一定的筛选规格和合适的冲洗速度，将畜禽粪便的固体部分和液体部分分离出来，可获得满意的结果。筛选出的猪粪含有11%～12%的粗蛋白，近75%的氨基酸，50%的能量为消化能，46%的代谢能，近17%的粗蛋白可被母猪消化。怀孕期间母猪饲料中至少60%的干物质可以用这种饲料代替。干物质、有机物、粗蛋白和中性纤维的消化率均高于优质玉米青贮饲料。

9.2.3 固体粪污燃料化利用模式

厌氧发酵法是将畜禽粪便和秸秆一起发酵产生沼气，这是利用畜禽粪便最有效的方法。这种方法不仅可以提供清洁能源，解决农村燃料短缺与大量秸秆燃烧之间的矛盾，而且可以解决大型畜牧场的畜禽粪便污染问题。畜禽粪便发酵产生的沼气可直接为农民提供能源，沼液可直接施肥，沼渣也可用于养鱼，形成养殖、种植、渔业紧密结合的物质循环生态模式。虽然建设沼气池需要一定资金和费用，但在长期的生产实践中，我国劳动人民总结了许多建设沼气池的经验，创造出牲畜圈、厕所-沼气池-菜地、农田-鱼塘连为一体的种植养殖循环体系。这种循环体系的沼气池不用太多的投资（沼气池可以是砖和混凝土结构，也可以视当地土质结构直接为黏土结构），效益非常显著，能量得到充分利用，农村庭院生态系统物质实现了良性循环。

许多实践和研究证明，猪粪和鸡粪的厌氧发酵可以灭活寄生虫卵，减少土壤和水污染。将沼渣和无机肥制成复合肥，可提高土壤有机质、全氮、碱解氮、速效磷和土壤酶活性，减少作物病害，从而减少农药用量，提高作物产品产量和质量。沼液含有 17 种氨基酸、多种活性酶和微量元素，可作为畜禽饲料添加剂。此外，沼液养鱼可以提高鱼类种群的成活率。故畜禽粪污沼气处理具有极其显著的经济效益、社会效益和环境效益。

9.2.4 固体粪污综合利用模式

（1）干清粪、堆肥发酵、农田利用技术模式

利用干清粪方式将禽畜粪污排泄物集中收集并运输至贮粪棚内发酵。将粪污排泄物集中贮存在一起，防止对地下水资源造成严重污染。与其他畜禽粪污资源化利用技术相比，该技术流程较少，操作简易，且能有效控制粪污处理期间的用水及用电消耗量，运行成本更低。

该模式要求做到畜禽粪便日产日清，可在条件允许的情况下选择机械清粪方式。粪污贮存场地要具备雨污分流设施，防止粪污运输与贮存期间污染环境。

在堆肥发酵过程中，发酵时间为 5～6 个月，粪便过稀不便于堆肥，可以适量加入秸秆，添加比例控制在 10%～20%。同时，堆肥发酵应为微生物活动创造有利条件，营养充足，所含水量为 55%～77%。以良好通风条件来确定堆肥高度，容积量约为 7000kg/m^3。温度应控制在 60℃以上，禽畜粪堆肥维持 60 天，混合稻壳、谷物残渣的应维持 90 天，混合锯屑应维持 180 天，保障产生出的有机肥肥力充足。

（2）干清粪、堆肥发酵、沼气处理、农田利用技术模式

将干清粪便与堆肥发酵、沼气处理技术结合在一起，首先将粪便与污水分开处理，采用自然干化、高温曝气、微生物接种等方式，使粪污排泄物能完全腐熟，产生出高质量的有机肥，提升粪污利用率。污水可以经过厌氧发酵产生出足量沼气，用于禽畜养殖的发电系统，而沼液还可在净化后用于农田，使禽畜粪污排泄物得到

最优化利用。

现阶段，此种禽畜粪污资源化利用模式的应用范围日渐广泛，综合效益更加显著。从根本上发挥出该利用模式的积极作用，需要相关工作人员重视粪便处理环节，将干清粪便直接从养殖场内铲除。在粪便堆积期间应确保粪便经过 1～3 天的自然发酵。

高温发酵腐熟期间发酵物料中心温度最高可达 80～85℃，需要使用翻抛机每日翻抛，促进物料发酵腐熟，提升物料实际利用率。

处理污水期间也需建立起规格适宜的沼气池，要求使用节能环保的 PE 膜作为厌氧发生器，便于收集内部沼气。沼气可以用于养殖场发电及沼气锅炉，需要配备规格适宜的发电机组。

粪污主要采用堆肥还田和有机肥处理方式。收集固体粪便，经好氧堆肥无害化处理后返回田间利用或生产有机肥。主要有以下四种操作模式。

① 直接出售给周边农户处理利用。粪污采用整车运输或袋装运输至种植基地或周边农户，农户在田间粪棚内自然发酵沤熟（需防雨、防渗、防漏），或在田间堆放粪堆，封浆（可利用农田熟泥、菜园熟土、池底污泥等）将农家粪肥重新浇灌，然后施用于土壤。适用于养殖场附近种植户（种植水果、蔬菜、莲藕、茶叶等）有施肥需求的地区。

② 粗加工后的销售或施用。粪便与碎秸秆、杂草或糠料按比例混合，加入发酵菌种后逐层堆放（按操作手册）。粪便完全腐熟后，可直接用作有机肥料。一般来说，附近的种植者有需求，或者养殖场有种植基地。

典型案例：桃江县鑫山立体种养专业合作社，养殖蛋鸡 26000 只，种植火龙果、葡萄、黄桃近 266800m^2。鸡场粪便经履带运输至堆放发酵棚，与稻糠料按比例混合，添加微生物发酵菌后堆肥发酵，再添加磷肥和菜渣，制成农业有机肥，可作为果园的主要肥料来源，变废为宝。

③ 委托有机肥厂处理。养殖场不具备自行堆肥处理条件的，应与有机肥加工厂签订粪污委托处理协议，粪污直接运至有机肥厂处理。有机肥处理厂采用现代堆肥处理技术和成套的处理设施和设备，对从农场收集和转运的含水率低于 70%的粪便污水进行高温有氧发酵处理，生产商用有机肥，并在卖给种植主后将其归还给田地。

典型案例：灰山港镇是桃江县蛋鸡养殖业密集区。有 30 个蛋鸡养殖场和 58 万只存笼蛋鸡。过去，鸡粪缺乏处理措施，粪便污水随意排放，污染环境。2017 年，益阳富立来生物科技有限公司建成，设计年处理畜禽粪便 30 万吨，有机肥 5 万吨。该公司与蛋鸡养殖场签订了粪便委托处理协议，不仅丰富了肥料来源，而且帮助养殖场解决了环境污染问题。

④ 生产有机肥后出售。大型养殖场配备有机肥处理设施和设备，自行将粪污处

理成商品有机肥，可有效解决粪便污水就近就地处理用地不配套的问题，具有一定的经济效益。

典型案例：桃江县金源牧业有限公司是国家标准化大型养殖示范场，拥有 7 万只存笼蛋鸡。养鸡场采用全自动履带式粪便清理系统和自动饮水设备，从源头上减少粪便和污水的产生。建成鸡粪贮存发酵棚，购置有机肥加工设施和设备加工鸡粪。商品有机肥年产量约 600t，增加收入约 48 万元。

(3) 粪便垫料回用模式

根据牛粪纤维素含量高、质地松软的特点，将牛粪进行固液分离后，经好氧发酵、无害化处理后作为牛床垫料回收，污水作为肥料贮存，供农田利用。

该模式的优点是用牛粪代替砂土作为垫层材料，减少了粪污后续处理的难度。不足之处在于，作为垫料如果无害化处理不彻底，可能存在一定的生物安全风险。适用于大型奶牛场。

典型案例如下。

① 粪便快速发酵生产牛床垫料。以天津市神驰牧业发展有限公司为例，该公司场区总占地 370 亩，奶牛存栏 2000 头。该场投资 400 万元引进奥地利 BAUER 集团公司日处理 $40m^3$ 粪污的快速干燥系统（BRU 系统）。所有污水和粪便混合后，进入 BRU 系统。通过固液分离，固体被输送至好氧固态发酵罐进行好氧高温发酵约 20h。排出的物料直接回垫牛床。该污水全年可节约牛床垫料费约 150 万元。

② 粪便堆肥的无害化处理和铺垫材料的再利用。以黑龙江双城雀巢有限公司的一个奶牛场为例，该公司拥有 1500 头奶牛，其中包括 700 头泌乳奶牛。固液分离后的固体粪便含水量约为 70%。经过 8～9 周的好氧发酵后，回填并躺在床上。污水贮存在一个总容积为 8 万立方米的氧化池中，用于周围农田的施肥。每头奶牛每天可节省 0.5 元垫料费用，每年可节省约 27 万元。

9.3 整体资源化处理

9.3.1 粪污收集还田利用模式

(1) 简介

农场产生的粪便、尿液和污水集中收集，贮存在氧化池中。粪便和污水在氧化池中进行无害化处理，在施肥季节用于农田。

优点：粪便污水收集、处理、贮存设施建设成本低，处理利用成本低；粪便、污水收集充分，养分利用率高。

不足：粪便污水贮存期应达到半年以上，需要足够的土地建设氧化塘贮存设施；施肥周期相对集中，需配备专业搅拌设备、施肥机械、农田应用管网等；粪便污水的长途运输成本很高。

适用范围：适用于猪场水泡粪工艺或奶牛场自动刮粪回冲工艺。粪便总固体含量小于15%；需要与粪便污染和养分含量相匹配的农田。

（2）典型案例

① 规模养殖场粪污还田。以安徽省焦岗湖农场为例，该场拥有耕地6800亩，主要种植水稻、小麦、大豆和瓜果蔬菜等作物。生猪存栏1.3万头，建设1.3万立方米的覆膜式氧化塘和4万立方米的敞开式氧化塘，粪污贮存时间超过9个月，设施总投资约300万元。贮存后的液体粪肥通过农田管网进行水肥一体化施肥，每年可节本增效约90万元。

② 第三方服务组织粪污还田。以黑龙江双城北京丹青诺和牧业科技有限公司为例，基于区域中小型养殖场，建有公共粪肥贮存池100个，粪肥播洒机及配套机械设备50套，收集双城地区的奶牛场、猪场粪污2万吨（干物质含量低于12%），收集的粪污贮存在密闭贮存设施中，春播前及秋收后，使用高效还田设备，按测土测粪配方进行均质、精准还田。总投资1420万元，年运行成本110万元。养殖场服务收费20万元，粪肥农田施用收费112万元，合计年收入132万元。

9.3.2 污水达标排放模式

（1）简介

该模式的优点是污水经深度处理后可达标排放；无须修建大型污水贮存池，可减少粪便污水贮存设施用地。缺点是污水处理成本高，大多数养殖场难以承担。适用于养殖场周边无配套农田的大型养猪场或奶牛场。

（2）典型案例

① 大型养猪场污水深度处理达到排放标准。以浙江美保龙种猪育种有限公司为例，该公司现有2000头母猪库存。污水处理采用高效固液分离系统、高效UASB厌氧发酵系统、四级生化联合处理技术等工艺。污水处理中心总投资800万元，日

污水处理量 240t，吨污水处理总费用约 6.2 元。处理后水质达标，部分出水回用于苗木灌溉、水生蔬菜种植和水产养殖。

② 规模猪场污水深度处理回用。以网易味央安吉猪场为例，目前猪场存栏生猪约6000头，粪尿采用“猪用马桶”收集，定期冲洗马桶，收集的粪污首先进行固液分离，分离后的污水采用“生物高效脱氮除磷（A/O）”+“膜生物反应器（MBR）”组合工艺，污水处理设施总投资约 200 万元，目前日处理污水约 50t，吨污水运行成本约为 8.7 元，处理后的污水出水可达到 COD≤150mg/L，氨氮含量≤10mg/L，终水回用作“猪用马桶”的冲洗用水，既做到“零排放”，又节约了新鲜用水量。

9.3.3 畜禽粪污高效养殖蚯蚓技术

（1）蚯蚓在粪污堆肥中的作用

① 蚯蚓对减少堆肥臭气排放的减控影响。畜禽粪便堆肥过程中会产生大量恶臭气体，其中氨气、硫化氢、硫醇和甲硫醇是堆肥过程中恶臭气体的主要成分。蚯蚓能吞下大量堆肥有机物，减少粪便总量，降低恶臭气体基质浓度。蚯蚓排泄物可吸附并含有多种有益细菌，可抑制大肠杆菌、变形杆菌等产臭细菌的生长繁殖，减少恶臭气体的产生。相关研究表明，在鸡粪中添加 30%的蚯蚓粪可以有效减少氨和硫化氢的释放。

② 蚯蚓对堆肥中重金属的富集。畜禽养殖业一般在饲料中添加高浓度的硫酸铜、硫酸锌等无机重金属饲料添加剂，以提高畜禽生长速度，增强机体免疫力，改善肉质。畜禽对这些无机重金属添加剂的吸收利用率很低。70%以上的铜和 90%以上的锌随粪便排出。根据粪便的不同处理和利用方式，它们在土壤、水体、动植物中迁移和积累，最终危害农产品安全和人类健康。蚯蚓利用体内的酶来富集粪便中的重金属，并降低粪便堆肥中的重金属含量。傅晓勇等的研究表明，蚯蚓对土壤中重金属的富集随培养时间和重金属浓度的增加而变化，蚯蚓对重金属的吸收具有一定的选择性，一般顺序为 Zn＞Cu＞Pb＞Hg。

③ 蚯蚓在提高粪便堆肥肥效中的作用。蚯蚓可以利用自身的消化功能快速处理有机物质。研究表明，1 亿条蚯蚓每天可吞食 40～50t 有机废物，产生 20t 蚓粪。蚯蚓处理后，粪便堆肥中总磷、总钾和铵态氮含量显著增加，pH 值趋于中性，植物生长抑制剂显著降低，堆肥的持水性、内部结构和氧化性得到改善。王东生等发现，在黄瓜育苗期添加蚯蚓粪可以显著提高植株的新鲜品质、茎粗和根长；毛久庚等认

为，在西瓜中添加蚓粪可以降低枯萎病的发病率，提高西瓜的含糖量。

(2) 蚯蚓养殖方法

蚯蚓是杂食性动物，喜欢生长在阴湿肥沃的环境里，具体养殖方法如下。

① 蚓床整理。蚯蚓养殖可分为室内地面养殖和室外养殖床两类。室内养殖要求房间通风透气，黑暗安静，地面以水泥地面为优。室外养殖床应选择朝阳、地势较高的地面，床下泥土一定要压实。通常床体的有效尺寸为宽 1.5m，长 6～10m，后墙高 1.3m，前墙高 0.5m。床四周挖排水沟以防水渗透到床内。后墙还需留一个排气孔。床两头留有对称的风洞。冬季可在床面上覆盖双层塑料薄膜，薄膜间的间隔为 10～15cm。薄膜上面再加盖草席。夏季需搭简易凉棚遮阳防雨。在饵料上盖湿草，其厚度为 10～15cm，以免水分大量蒸发。

② 沼渣作蚯蚓饵料。将正常产气、大换料 3 个月以上的沼气池沼渣捞出，散开晾干，让其中的氨气逸出。饵料中沼渣的配比不超过 80%。其余饵料为菜叶、树叶、秸秆等有机物。饵料堆放厚度为 20～25cm，水分含量在 65%左右。

③ 放养密度。一般情况下，平均养殖密度为 15000 条/m^2。若养成蚓，为 10000 条/m^2。若养幼蚓，为 20000～25000 条/m^2。幼蚓与成蚓混养为 12000～16000 条/m^2。养殖过程中要不断取走成蚓。

④ 蚓床管理。床内放好饵料后，保持饵料水分含量在 65%左右。一般情况下每月添料一次。冬季室外养殖时，在晴天上午 8:00—9:00 进行换气。首先将草帘揭开，让阳光射入床内。若床内温度超过 22℃，可打开床两头风洞降温。下午 3:00 再将草席覆盖。大风和阴雨天不要进行这种换气。冬天要及时清除床面积雪。

⑤ 蚓与蚓粪的分离。在养殖蚯蚓的过程中要定期清理蚓粪并将蚯蚓分离出来。这是促进蚯蚓正常生长的重要环节。利用蚯蚓喜湿畏光、嗅觉灵敏的特点，可采用四种分离方法。

a．房诱法。将床内饵料堆缩至原有面积的一半，在新腾出的地方添加新饵料。40～60h 后，蚯蚓就会进入新饵料中，分离率可达 95%。蚓粪分出后需放置一段时间，待其中的卵茧孵化出来并将幼蚓取走后才能作为肥料使用。

b．网取法。将 4mm×4mm 网孔的铅丝网放在蚓床饵料表面，再将新鲜饵料放在网上，厚度为 5cm。28～48h 后将网和网面上的饵料、蚯蚓移开，此法分离率可达 90%以上。

c．光照法。蚯蚓吃食习惯是由上至下，因此蚓粪的形成也是由上到下，同时蚯蚓有避光性，可先将蚓粪扒开，用 200V/500W 的碘钨灯，在距蚓粪 0.3～0.4m 高度照射并以 3m/min 的速度移动照射灯，连续扫描三次，蚯蚓即下钻，此时取出上层蚓粪。此种方法分离率可达 90%以上。

d. 干湿法。在床的一端保持饵料的湿度为 65%，另一端不覆盖让饵料水分蒸发。这样就逼迫蚯蚓向湿度大的饵料堆移动，48h 后可分离 90%以上蚯蚓。

⑥ 提取成蚓。在养殖过程中，最好是成蚓和幼蚓分养。因为混养可能造成成蚓自溶因而影响产量。成蚓提取方法是用孔目为 2mm×2mm、长 100cm、宽 70cm 的塑料网放在蚓床上，在网上投放新鲜饵料（饵料中混有 5%的五香液），饵料厚度为 5cm。24h 后，中、小蚯蚓移到网上，成蚓留在网下。将中、小蚯蚓移走后。再采用 4mm×4mm 的铅丝网用同样方法处理，可使成蚓移到网上从而分离。严防蚯蚓的天敌侵害，蚯蚓的天敌有老鼠、蚁、鸟、蛇等。养殖床要备有遮光设施，切忌阳光直射。保持周围环境安静。避免农药等的污染。

(3) 畜禽粪污蚯蚓养殖处理流程

家畜粪便含有大量的营养物质。集中堆放和直接排放会污染环境。畜禽粪便无害化和资源化利用是目前规模化养殖场处理畜禽粪便的重要途径。蚯蚓养殖技术与畜禽堆肥处理相结合，可以充分发挥蚯蚓的生态功能，将养殖废弃物转化为无污染高效肥料。同时，蚯蚓可加工成蚯蚓粉、蚯蚓液、保健品和饵料，可用于医药、饲料加工业、休闲旅游等领域，具有重要作用和广阔的市场前景。常见畜禽粪便和蚯蚓资源化处理工艺见图 9-1。

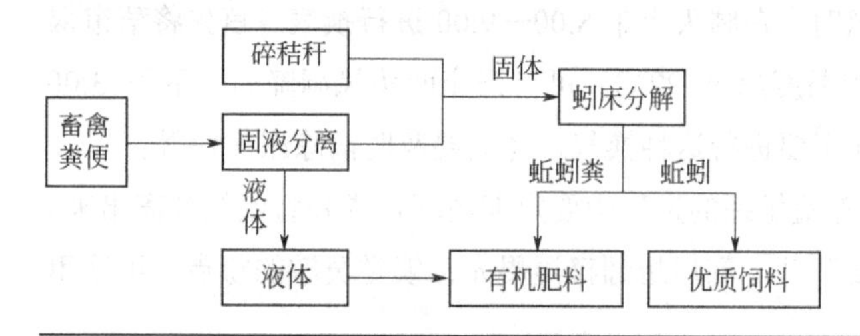

图 9-1　畜禽粪污蚯蚓资源化处理流程图

9.4　畜禽粪污资源化利用技术管理要点

(1) 对禽畜粪污资源进行科学分配

为从根本上提升禽畜粪污资源利用率，还需要对禽畜养殖规模进行细致分析，处理好禽畜养殖与地区现代化养殖业发展之间的关系。

将粪污内部废液引入沉淀池内进行生化处理，废弃固体物集中到粪污处理中心进行有效堆肥，从根本上提升粪污资源的利用率。由于本书案例中的忻城县畜牧养殖规模处于日渐扩大阶段，因此，需要使机械化清粪与堆粪工作取代传统人工作业模式。

（2）实施就地消纳与转化策略

在处理畜禽粪污资源期间，为了更好实现粪污资源的无害化、稳定化利用目标，还应严格遵循就地转换原则，推广现代化、生态化养殖模式，提升消纳处理。具体来说，在禽畜养殖较为集中的区域，可在周边建立有机化肥厂，缩短粪污运输距离，防止废物运输对周围环境造成二次污染。细致分析禽畜养殖市场运作规律，将地区内小规模养殖场联合在一起，集中处理粪污资源，保障资源处理水平。

（3）合理利用水资源

在应用畜禽养殖粪污资源化利用技术期间还需有效利用水资源，调节污水产量。具体而言，在禽畜养殖场内安装拉阀碗式饮水器，防止饮水资源受到二次污染。用高压水枪对地面进行冲刷消毒，使水资源能得到最大限度的利用。定期维护污水处理设备，防止设备故障对资源高效应用造成的不利影响，切实保障畜禽污粪资源利用效果。

总而言之，为尽早实现生态养殖目标，增强畜禽业养殖期间的粪污资源利用率，需要结合当地经济与畜禽养殖业发展现状，选用适宜的畜禽粪污资源化利用模式，避免粪污排泄物对周边生态环境造成的不利影响，为居民营造出更加绿色健康的生存环境。进一步加强养殖区管理力度，对基层养殖户的养殖活动进行针对性帮扶。注重引进现代化禽畜粪污资源保存与处理设施，有效实现固液分离，实现资源化利用目标。

9.5 生态循环农业

9.5.1 简介

生态循环农业是相对于传统农业发展的一种新的发展模式。它运用可持续发展思想、循环经济理论和生态工程方法，结合生态学、生态经济学和生态技术的原理和基本规律，在保护农业生态环境和充分利用高新技术的基础上，调整和优化农业生态系统内部结构和产业结构，提高农业生态系统物质和能量的多级循环利用，严格控制外来有害物质的输入和农业废弃物的产生，最大限度地减少环境污染。

生态循环农业是在良好的生态条件下从事的“三高农业”。它不单关注当年的产量和经济效益，而且追求三大效益（经济效益、社会效益和生态效益）的高度统一，使整个农业生产步入可持续发展的良性循环轨道。促进各种农业资源的多层次高效流动的活动，形成生产要素相互制约、相互利用、可持续循环的机制，形成封闭或半封闭的生物链循环体系。整个生产过程实现了废物减排，甚至零排放和资源再利用，大大减少了农药、兽药和化肥、煤炭等不可再生能源的使用，形成了清洁生产、低投入、低消耗、低排放、高效率的生产格局，实现"青山绿水蓝天绿色食品"的人类梦想。

9.5.2 几种典型处理模式

（1）种养加功能复合模式

以种植业、养殖业和加工业为核心的复合循环农业经济模式。采用清洁生产模式，实现农业规模化生产、副产品增值加工和综合利用。通过该模式的实施，可以整合种植、养殖、加工等优势资源，实现产业集群的发展。

该模式适用于从事豆腐、面粉等传统农产品加工的农户，用加工后的废弃物（豆渣、粉渣等）喂猪，将猪粪喂入沼气池，使用沼气肥种植无公害水稻和蔬菜；沼气用于烹饪、加工和照明。相关流程如图 9-2 所示。

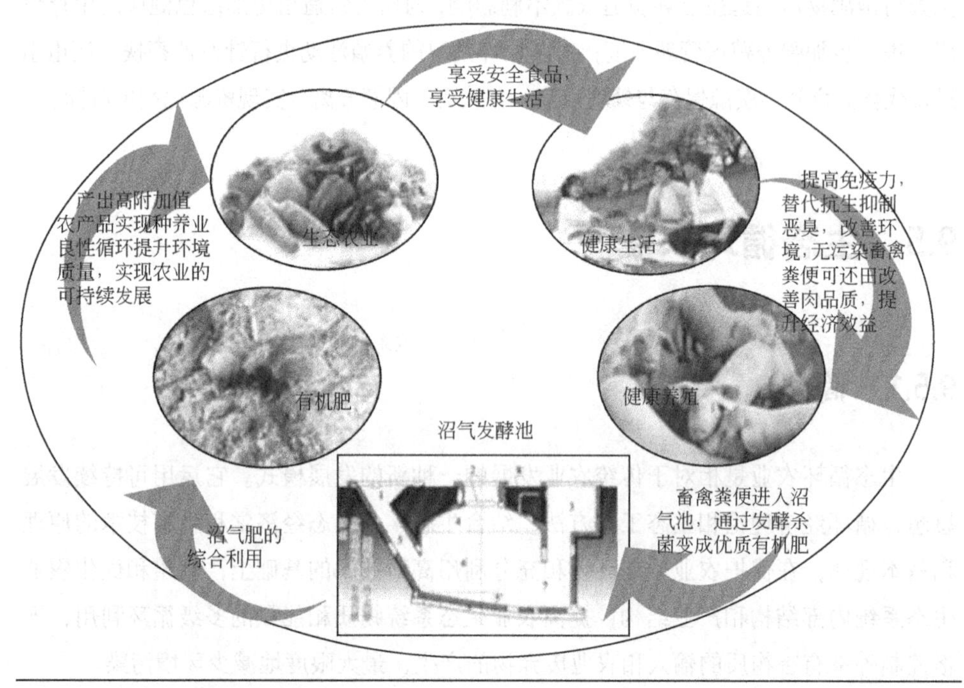

图 9-2　种养加功能复合模式

（2）以畜禽粪便为纽带的循环模式

以畜禽粪便燃料和肥料综合利用为重点，应用畜禽粪便沼气工程技术、畜禽粪便高温好氧堆肥技术、配套设施农业生产技术，畜禽标准化生态养殖技术和特色林果种植技术，打造“畜禽粪便-沼气工程-燃料-农户”“畜禽粪便-沼气工程-沼渣、沼液-果蔬”“畜禽粪便-有机肥-果蔬”产业链。

典型：家畜-沼气-食用菌-蚯蚓-鸡-猪-鱼模式。

畜禽粪便和饲料残渣用于生产沼气或培养食用菌。食用菌的残渣可以繁殖蚯蚓。蚯蚓喂鸡，鸡粪发酵喂猪，猪粪发酵喂鱼。沼渣和猪粪可以养活蚯蚓，这些残渣可以用来养鱼或用作肥料。循环模式如图 9-3 所示。

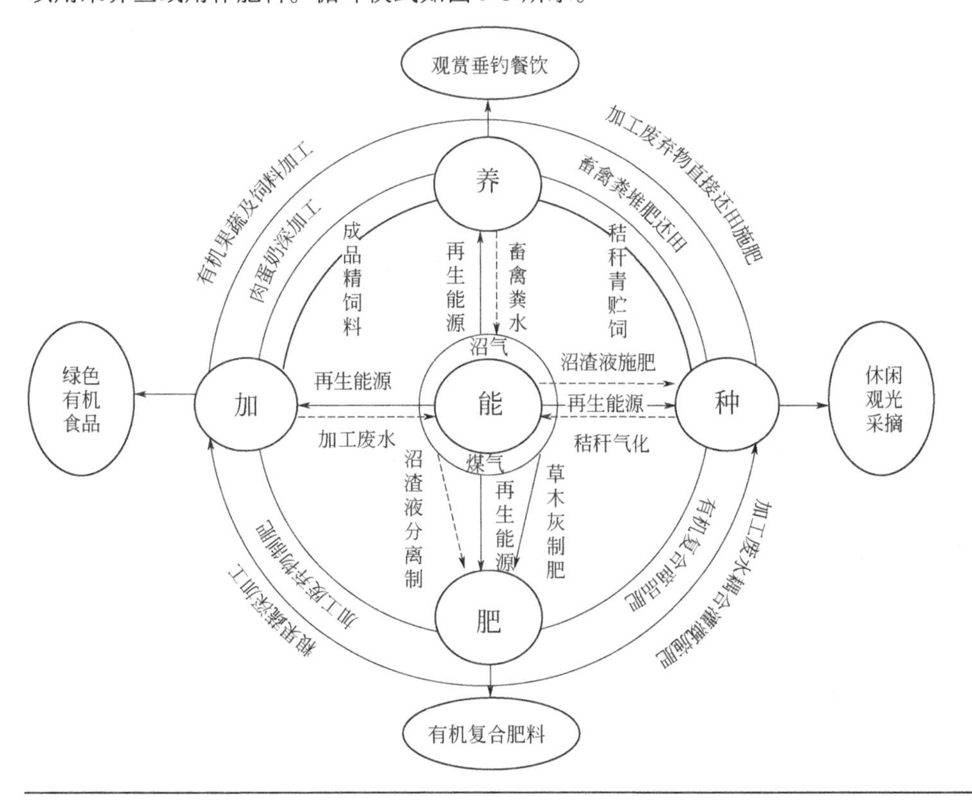

图 9-3　以畜禽粪污为纽带的循环模式

（3）其他典型处理模式

① 猪-沼-菜模式。建设 6～8m³ 沼气池，饲养 2 头以上猪，支持约 1 亩露地蔬菜，将猪粪引入沼气池，用沼肥种植蔬菜，以沼渣为基肥，沼液为追肥，在叶片表面喷洒沼液，以抑制昆虫和预防疾病。也可采用“猪-沼气-温室-蔬菜”模式：在 0.8 亩塑料温室内建造一个 8m³ 沼气池，饲养 3～5 头猪。人畜粪便进入沼气池进行沼

气蒸煮或为蔬菜生产提供肥料来源，用于棚内照明和取暖。沼渣和沼液作为肥料通过管网，改善土壤。大棚生产基本不施化肥，农药用量大幅度减少20%～30%，质量大幅度提高。猪圈里的沼气池建在日光温室里。生猪生长快，节约饲料，提高养猪经济效益。

② 猪-沼-果（鱼）模式。建设沼气池，每年屠宰3～5头猪，种植果树1～2亩，利用沼渣和沼液作为速效有机肥进行果树追肥，可提高果实品质1～2个档次，增产15%以上，降低生产成本40%。也可采用“猪-沼-鱼”模式：该模式主要在养鱼户中发展。人和牲畜的粪便在池塘中发酵后喂给鱼。沼渣用作池塘底肥，沼液用作追肥，以降低饵料成本，减少鱼塘化肥施用，控制鱼病。

③ “生物链”模式。建设8～10m^{3}沼气池，饲养100只鸡，3～5头猪，3亩水面养鱼，种植5亩农田。以沼气为中间环节，将鸡、猪、鱼和农作物连接起来，形成封闭的生物链循环系统。具体内容：饲料→养鸡（喂猪）→鸡粪（猪粪）进入沼气池，沼气作为生活能源，沼液和沼渣养鱼→鱼塘泥和部分沼渣肥料场。该模式具有多行业的特点和互补性。

④ 牛-蘑菇-蚯蚓-鸡-猪-鱼模式。用杂草、稻草或饲料喂养牛，牛粪作为蘑菇培养物，蘑菇收获后的残渣繁殖蚯蚓，蚯蚓喂鸡，鸡粪发酵后喂鱼，鱼塘污泥作为肥料。

⑤ 家畜-蝇蛆-鸡-牛-鱼模式。家畜粪便喂养蝇蛆，蝇蛆是鸡的高蛋白饲料。鸡粪发酵后喂牛，牛粪喂鱼。鱼塘污泥是优质的有机肥料。

⑥ 鸡-猪-牛模式。用饲料喂鸡，鸡粪再生处理后喂猪，猪粪处理后喂牛，牛粪作为农田肥料。这可以大大减少人畜粮矛盾，有效降低饲料成本。

随着经济的不断发展，新的生态循环农业模式层出不穷，但每个畜禽养殖场仍然需要根据现实情况，规划对该养殖场有利的农业模式，不能完全靠复制，要实事求是，不断地发展创新。

9.5.3 六个重点环节

“绿色”为主，调整结构。农业结构战略性调整成效显著。接下来进行优化调整，突出发展绿色食品、无公害食品和有机食品生产，注重水土保护和资源保护。

保护耕地，提高质量。坚持推广秸秆还田和保护性耕作技术，实现种地与养地有机结合，加强耕地质量工程建设。大力推进生物防治，相关企业应研发生产低残留农药和可降解塑料薄膜。推广喷灌和滴灌，停止漫灌，发展节水农业。

项目驱动，企业参与。在农村发展农产品加工业和其他产业，首先要防止污染，做到低污染、达标排放。

发展沼气，高效转化。近年来，各地以户用沼气工程为重点，结合农村、厕所、厨房改造，大力推广以“猪沼菜（粮果渔）”为主要内容的生态模式，实现村、院废弃物循环利用的良性循环。随着秸秆、畜禽粪便等农业固体废物的回收利用，以及测土、配方施肥等生态循环生产方式的推广，农产品质量得到了提高。实践表明，循环农业与科技、经济、环保可以实现相互支持、良性互动。

优化布局，总体规划。发展循环农业，首先要制定发展规划。一方面，在充分调研的基础上，有选择、有重点地制定省、市、县（区）、乡、村等各级循环农业发展规划，实现有计划、有步骤、有重点地稳步推进，循序渐进、有组织地进行。重点要根据不同地区、不同层次农牧业的生产状况和实际需要，建立相应的循环利用模式，并根据不同模式的具体优势进行布局配置和结构调整，延长产业链，确保循环农业模式中流通和接口的相互匹配、协调运行，促进循环农业健康、安全、有序生产。

正确引导，有序推进。循环农业关系到经济的可持续发展，需要政策引导。同时，发展循环农业涉及种植、养殖、加工、能源、环保等多个部门。建立多部门联动机制，强化多元化支持，加大政府投入，确保可持续发展。

通过合理设计，优化布局界面，形成回收链，使上层废物成为下层生产环节的原材料，循环有序，实现“低开采、高利用、低排放、循环利用”，最大限度地利用进入生产和消费系统的物质和能源，有效防止和控制有害物质或不利因素进入回收链，提高经济运行的质量和效率，使经济发展与资源节约和环境保护相协调，实现可持续发展战略的目标。

9.5.4 实施案例

近年来，新野县把发展绿色循环农业作为推进生态文明建设、实施乡村振兴战略的重要举措，着力探索以沼气、秸秆综合利用为纽带的生态循环技术模式，推动农业可持续发展，保障农产品质量安全。该县先后引进了金正佳肥业、奇盛板业等公司，新近与广东长青集团签订框架合作协议，共同建设生物质发电项目，以期有效解决秸秆综合利用难题，实现环境保护与经济发展的“互助多赢”。

坐落于新野县肉牛产业化集群示范区的科尔沁牛业南阳有限公司，存栏肉牛 3 万头，通过秸秆过腹还田，全年消耗青贮饲料和秸秆约 20 万吨，改良农田 3 万余亩。近年来，科尔沁牛业南阳有限公司在新野县布局建设了秸秆“收集-贮存-运送-养牛”的集市场化、标准化、网络化于一体的秸秆资源化利用体系。同时，依托科尔沁农机合作社现有麦秸打捆机械、青贮机械、TMR 饲料加工机等设备，开展机械化耕种收、打捆加工回收农作物秸秆、秸秆饲草加工运输等服务，促进新野县及周边地区秸秆回收利用率提升至 60%以上。

种植、养殖、加工相结合的全链条全循环做法，给企业带来了意想不到的经济效益。在环保上，也基本实现了零排放，达到废物综合利用以及种植、养殖、加工全链条循环发展。金正佳生物肥业有限公司作为科尔沁牛业南阳有限公司的下游企业，利用秸秆养牛过腹后的牛粪作为有机肥原料，拥有年生产 5 万吨生物有机肥及 10 万吨复混肥生产线，年可消耗小麦秸秆 1 万吨。

据该公司反馈，牛粪做成有机肥以后，不仅能够有效解决土地板结的问题，而且能给老百姓带来很好的经济效益。作为企业来讲，一年能生产有机肥 2.5 万吨左右，企业产生的利润达到 450 万元。

同样处于新野县的鑫晶生态农业有限公司，投建 1500m^3 大型沼气工程耗资 300 余万元，满足了周边村庄和工厂生产、生活用气，并以此为纽带开展葡萄种植、蔬菜栽培、禽类养殖等新型绿色循环农业建设。生态园年产 3.2 万立方米有机液体肥，除自用外还可满足周边 2000 多亩生态林果、有机蔬菜和高标准农田使用。基本实现了零排放，粪便污水进入沼气池，产生的沼液用作大棚葡萄肥料。经过沼液覆土施肥后的土地肥沃松软，葡萄品质得到了很大的提高，深受广大消费者的青睐，年六七万斤的产量仍供不应求，每亩直接经济效益在 1500 元左右，年综合效益达 300 万元以上。

位于北京中关村的北京德青源农业科技股份有限公司（以下简称德青源）也在用实际行动践行着生态农业的理念。

一是生产有机肥料。德清源投资建设 4 座 3000m^3 沼气发酵池。鸡粪和污水通过地面下的管道和输送带输送至匀浆水解池进行初步处理，然后从进料池依次进入一级发酵罐、二级发酵罐和发酵后沼渣贮罐。最后，沼液从沼渣贮罐中出来，进入沼液贮罐，成为一种很好的有机肥料。

二是反哺养殖和种植。电厂最大限度地利用鸡粪和沼气，收集剩余的沼渣，然后为种植玉米的农户和德清源有机种植园提供有机肥料，确保种植玉米的农户是真正的有机玉米。为德清源蛋鸡提供有机饲料，是理想的全周期生态循环养殖。

三是利用鸡粪和污水发电和沼气生产。沼气发酵罐产生的沼气经一、二级生物脱硫塔脱硫后进入 2150m^3 双膜干式贮气柜。然后从贮气柜引出三条管道：一条管道通向新村，为南部村民提供生活用气；一条通往整个公园的锅炉和供暖设备；另一条管道中的沼气经沼气增压风机加压后，进入两台总装机容量为 2MW 的沼气发电机组，将产生的绿色电力连续输入华北电网。

德青源通过全球领先的农业废弃物沼气发电技术，将每年 10 万吨鸡粪成功转化为 1400 万千瓦时的绿色电力和 16 万吨有机肥料，供应周边农户的电力热力等生物质能源，实现二氧化碳年减排 8.4 万吨。每年除了销售鸡蛋带来的收入之外，生态农业带来的经济效益也已过亿。

生态循环农业是畜禽粪污处理的有效手段，是未来农业发展的重要潮流和方向，是继续走可持续发展路线的必然选择。各畜禽养殖场应该积极学习国内外的成功经验，走生态循环农业路线。

参考文献

[1] 宋善友. 畜禽粪污的收集处理与综合利用[J]. 今日养猪业，2021(4):102-106.

[2] 李莲贵. 畜禽粪污无害化处理及生态养殖技术推广[J]. 特种经济动植物，2021，24(7):99-100.

[3] 张小刚. 畜禽粪污无害化快速处理装备研发[J]. 农产品加工，2019(24):84-87.

[4] 谷小科，杜红梅. 畜禽粪污资源化利用的政策逻辑及实现路径[J]. 农业现代化研究，2020，41(5):772-782.

[5] 李英. 畜禽养殖粪污的处理及资源化利用[J]. 农家参谋，2021(14):138-139.

[6] 刘声春，王桂显，孙丽娟，等. 德国畜禽粪污资源化利用政策与技术装备研究[J]. 中国奶牛，2020(9):57-61.

[7] 李仲瀚，巴士迪，张克强，等. 粪污快速分离收运系统对粪污性质和舍内环境指标的影响[J]. 农业资源与环境学报，2021(3):1-14.

[8] 李仲瀚. 封闭猪舍粪污快速分离收运系统建立与应用[D]. 北京：中国农业科学院，2021.

[9] 张中锋，石林雄，闫典明，等. 甘肃省小型养殖场畜禽粪污机械化清理现状与对策建议[J]. 中国农机化学报，2020，41(6):56-63.

[10] 武维华. 全国人民代表大会常务委员会执法检查组关于检查《中华人民共和国畜牧法》实施情况的报告——2021年8月18日在第十三届全国人民代表大会常务委员会第三十次会议上[J]. 中华人民共和国全国人民代表大会常务委员会公报，2021(6):1246-1254.

[11] 郭杨. 规模化养鸡场粪污处理与利用[J]. 兽医导刊，2021(7):57.

[12] 薛灏，钟为章，秦焱，等. 规模化猪牛养殖业粪污处置技术现状分析[J]. 畜禽业，2020，31(9):22-23.

[13] 王成高. 规模养殖业粪污处置技术的现状分析[J]. 畜牧兽医科技信息，2021(5):14.

[14] 蒙善朝. 鸡场粪污水综合处理技术及效益分析[J]. 当代畜牧，2017(17):13-15.

[15] 我国大型畜禽规模养殖场全部配套粪污处理设施装备[J]. 甘肃畜牧兽医，2021，51(3):74-75.

[16] 任志友，王晓芳，郝丹，等. 小型畜禽养殖场粪污处理现状分析及对策[J]. 北方牧业，2021(15):21.

[17] 王敦军. 自走式牛场清粪车在规模化肉牛养殖场中的应用[J]. 当代农机，2021(5):44-45.

[18] 罗娟. 甘蔗叶NaOH改性及其与动物粪便近同步协同厌氧消化性能研究[D]. 北京：北京化工大学，2019.

[19] 程黎伟. 户用沼气池日常管理与安全使用[J]. 农业与技术，2015，35(24):227.

[20] 闫立龙，王晓辉，梁海晶，等. UASB去除猪场废水有机物影响因素研究[J]. 安全与环境学报，2013，13(3):61-65.

[21] 潘继兰. 沼气池的保养和安全使用[J]. 福建农业，2012(8):28-29.

[22] 樊丽. 锰和铁对牛粪厌氧发酵的影响研究[D]. 重庆：重庆大学，2012.

[23] 刘宇红，曲颖，宋虹苇，等. pH 值和碱度对厌氧折流板反应器运行的影响[J]. 中国给水排水，2012，28(5):70-73.
[24] 韩同生，刘志鹏，马鹏，等. 新建沼气池的启动、沼气系统的故障排除及日常管理[J]. 陕西农业科学，2011，57(3):147-149.
[25] 高传庆，王静，谷巍，等. 几种促进沼气发酵产气的途径[J]. 山东畜牧兽医，2010，31(4):75-76.
[26] 丁绍兰，秦宁. ABR 中污泥颗粒化的影响因素及加速颗粒化的研究进展[J]. 西部皮革，2010，32(3):46-50.
[27] 李慧婷，李永峰，高艳娇，等. 厌氧折流板反应器及其废水处理工艺[J]. 辽宁化工，2010，39(1):102-105.
[28] 郭欧燕. 温度对鸡粪与作物秸秆混合原料厌氧发酵产气特性影响研究[D]. 咸阳：西北农林科技大学，2009.
[29] 刘维岗. 上流式厌氧污泥床反应器（UASB）处理硝基酚废水研究[D]. 青岛：中国海洋大学，2006.
[30] 赵类. 农村家用沼气池的类型[J]. 山西农机，2005(3):16-17.
[31] 邱艳华. 常温条件下 UASB+SBR 工艺处理甲胺、甲醇废水的试验研究[D]. 西安：长安大学，2005.
[32] 汪善锋，陈安国，汪海峰. 规模化猪场粪污处理技术研究进展[J]. 家畜生态，2004(1):49-54.
[33] 张自杰，林荣忱，金儒霖，等. 排水工程（下）[M]. 第 5 版. 北京：中国建筑工业出版社，2015.
[34] 蒋展鹏，杨宏伟. 环境工程学[M]. 第 3 版. 北京：高等教育出版社，2013.
[35] 宁平. 固体废物处理与处置[M]. 北京：高等教育出版社，2007.
[36] 张硕. 禽畜粪污的“四化”处理[M]. 北京：中国农业科学技术出版社，2007.
[37] 王洪涛，陆文静. 农村固体废物处理处置与资源化技术[M]. 北京：中国环境科学出版社，2006.
[38] 边炳鑫，赵由才，乔艳云. 农业固体废物的处理与综合利用[M]. 第 2 版. 北京：化学工业出版社，2018.
[39] 赵万余. 畜禽粪污资源化利用实用技术[M]. 北京：阳光出版社，2019.
[40] 魏吉龙. 畜禽养殖废水处理技术研究[J]. 环境与发展，2020，32(10):100，102.
[41] 赵依恒，张宇心，许晶晶，等. 农村生活垃圾好氧堆肥资源化技术[J]. 浙江农业科学，2020，61(1):186-189.
[42] 刘丽，常亮，肖杰，等. 畜禽养殖废水处理工程设计[J]. 工业用水与废水，2017，48(6):74-77.
[43] 陈晓天. 碱性吸水材料强化奶牛粪便好氧堆肥化研究[D]. 昆明：昆明理工大学，2017.
[44] 李美玲. 轻质硅藻土陶粒的制备及其在 BAF 中的应用研究[D]. 青岛：青岛理工大学，2013.
[45] 张俊，王爱冬，刘建. “种植-养殖-沼气”循环农业模式的研究[J]. 宁夏农林科技，2013，54(4):84-88.
[46] 黄堃. UASB+A/O+折点氯化法处理高氨氮高有机物废水的工艺研究[D]. 南昌：南昌大学，2012.
[47] 裴忠良. 集约化猪场粪便处理的生命周期评价[D]. 哈尔滨：东北农业大学，2012.
[48] 任峰. 商品粮种植乡生物质废弃物回收利用规划研究[D]. 天津：天津大学，2012.
[49] 周玉亮. 枣庄市生态农业区划与模式研究[D]. 泰安：山东农业大学，2010.
[50] 牛明芬，赵明梅，郭睿，等. 不同微生物菌剂对畜禽粪便堆肥效果的温度指标研究[J]. 环境保护与

循环经济，2010，30(5):51-52，62.
[51] 万大军. BAF 池运行的主要影响因素[J]. 科技信息，2009(34):692-693.
[52] 刘佳. 堆肥高温期接种菌时空分布研究[D]. 哈尔滨：东北农业大学，2009.
[53] 韩光辉. 新型堆肥反应器热量分析及堆肥稳定性研究[D]. 西安：西安建筑科技大学，2009.
[54] 吴韶平. 鸡粪好氧堆肥高温期放线菌的研究[D]. 哈尔滨：东北农业大学，2007.
[55] 张传富. 禽粪好氧堆肥效应细菌的筛选与鉴定[D]. 哈尔滨：东北农业大学，2007.
[56] 简保权. 猪粪堆肥过程中 NH_3 和 H_2S 的释放特点及除臭微生物的筛选研究[D]. 武汉：华中农业大学，2006.
[57] 张晓东. 禽粪便好氧堆肥高温细菌相关性的研究[D]. 哈尔滨：东北农业大学，2006.
[58] 凌云，路葵，徐亚同. 禽畜粪便好氧堆肥研究进展[J]. 上海化工，2003(6):7-10.
[59] 戴洪刚，唐金陵，杨志军. 利用蝇蛆处理畜禽粪便污染的生物技术[J]. 农业环境与发展，2002(1):34-35.
[60] 吴建强，阮晓红，王雪. 人工湿地中水生植物的作用和选择[J]. 水资源保护，2005(1):1-6.
[61] 丁晔. 不同基质垂直流人工湿地处理猪场污水的应用研究[D]. 杭州：浙江大学，2005.
[62] 刘自莲，施永生，李鹏. 人工湿地在污水处理中的应用[J]. 云南化工，2005(6):60-63.
[63] 张翔凌. 不同基质对垂直流人工湿地处理效果及堵塞影响研究[D]. 武汉：中国科学院研究生院（水生生物研究所），2007.
[64] 笼养苍蝇技术[J]. 农家之友，2007(11):37.
[65] 刘效强，申红，冯大坤，等. 禽畜粪对家蝇生长发育的影响[J]. 中国媒介生物学及控制杂志，2009，20(3):206-209.
[66] 张磊. 人工湿地系统对污水处理厂二级出水净化实验研究[D]. 西安：西安理工大学，2010.
[67] 钟华男. 11 种观赏植物在人工湿地中的生长及对畜禽废水的净化效果研究[D]. 成都：四川农业大学，2011.
[68] 郑方超，崔婷，刘智峰. 人工湿地在污水处理中的应用及展望[J]. 北方环境，2011，23(11):44，91.
[69] 尹作乾，金元孔，刘爱国. 利用尾菜等农业生产废弃物养殖蚯蚓应注意环节[J]. 甘肃畜牧兽医，2012，42(4):22-24.
[70] 周斌. 填料结构对垂直流人工湿地脱氮效果及堵塞影响的研究[D]. 上海：东华大学，2013.
[71] 陶正凯，陶梦妮，王印，等. 人工湿地植物的选择与应用[J]. 湖北农业科学，2019，58(1):44-48.
[72] 吴震洋，李丽，唐红军，等. 黑水虻对畜禽粪便资源化利用现状分析[J]. 甘肃畜牧兽医，2019，49(1):6-8.
[73] 邓良伟，吴有林，丁能水，等. 畜禽粪污能源化利用研究进展[J]. 中国沼气，2019，37(5):3-14.
[74] 余桂平，翁晓星，徐锦大，等. 基于蝇蛆养殖技术的畜禽粪便处理模式[J]. 农业工程，2020，10(5):57-60.
[75] 温凌嵩，宋立华，臧一天，等. 蚯蚓处理畜禽粪便研究进展[J]. 家畜生态学报，2020，41(7):85-89.
[76] 邱美珍，谢菊兰，张星，等. 畜禽粪污资源化利用中生物转化技术研究进展[J]. 湖南畜牧兽医，2020(5):19-21.
[77] 马志琪，孙继鹏，谢家乐，等. 蚯蚓处理禽畜粪便的效果初探[J]. 天津农林科技，2020(6):1-2.

[78] 张晓林，贺永惠，段永改. 基于黑水虻养殖的鸡粪资源化技术初探[J]. 浙江农业科学，2021，62(1): 155-158.
[79] 张金金，王占彬. 黑水虻在畜禽养殖中的应用与研究进展[J]. 家畜生态学报，2021，42(4):84-90.
[80] 李亚丽，赵国强，武双，等. 畜禽废水处理技术研究进展[J]. 水处理技术，2021，47(9):18-22.
[81] 李艳华，罗杰，胡佳，等. 猪粪、牛粪搭配平菇废菌渣饲喂蚯蚓效果的研究[J]. 生物学杂志，2021，38(4):77-81.
[82] 罗龙皂，林小爱，杨佳，等. 微藻净化畜禽养殖废水影响因素研究进展[J]. 浙江农业学报，2020，32(3):552-558.
[83] 马浩天，李润植，张宏江，等. 基于微藻培养处理畜禽养殖废水的研究进展[J]. 生物技术通报，2018，34(11):83-90.
[84] 程寒，刘亚利. 厌氧消化过程中氨氮的回收利用研究进展[J]. 现代化工，2020，40(10):40-44.
[85] 关乾，曾桂生，张捷菲，等. 一种回收畜禽粪便中氮磷的方法：CN111547973A[P]. 2020-08-18.
[86] 廖美铃. 源分离尿液氮磷资源回收与同步产电研究[D]. 北京：中国科学院大学(中国科学院重庆绿色智能技术研究院)，2020.
[87] 陈珍珍，彭勇. MAP 法去除中浓度氨氮废水及产物的回收利用[J]. 广东化工，2020，47(2):108-110.
[88] 张聪. 猪场沼液纳滤膜浓缩与氨氮回收[D]. 南京：南京农业大学，2019.
[89] 李爱秀，翟中葳，丁飞飞，等. 鸟粪石沉淀法回收猪场沼液氮磷工艺参数优化模拟研究[J]. 农业环境科学学报，2018，37(6):1270-1276.
[90] 方慈. 基于水热处理的养猪粪污磷素转化、结晶与资源化利用研究[D]. 北京：中国农业大学，2018.
[91] 霍怡君，刘子仪，程刚. 脱水污泥的微波-碱法溶胞及其氮磷回收[J]. 西安工程大学学报，2017，31(4):467-473.
[92] 李建. 基于鸟粪石沉淀法回收沼液中氮磷的试验研究[D]. 沈阳：沈阳农业大学，2016.
[93] 龚川南. 氨吹脱对奶牛养殖场沼液脱氮与氮回收研究[D]. 重庆：西南大学，2016.
[94] 马泉智，向连城，宋永会，等. 畜禽粪便沼液絮凝预处理及 MAP 法磷回收技术[J]. 环境工程技术学报，2013，3(3):202-207.
[95] 赵海霞，宋永会，钱锋，等. 污泥中磷和氮的厌氧溶出及其改性赤泥晶种结晶法回收工艺[J]. 环境工程技术学报，2012，2(6):473-479.
[96] 曾庆玲，沈春花. 鸟粪石结晶法回收氨氮影响因素的研究[J]. 环境科学与技术，2012，35(1):80-83，98.
[97] 田猛. 短程硝化和化学氧化用于高浓度氨氮废水氮回收的初步研究[D]. 济南：山东建筑大学，2011.
[98] 王丽平. 污泥外循环复合膜生物反应器脱氮回收磷研究[D]. 北京：北京林业大学，2011.
[99] 郭春晖，邵爱民，罗新义. 畜禽粪便磷回收技术的研究概述[J]. 中国畜禽种业，2010，6(5):41-44.
[100] 肖晶晶. 消化污泥上清液和垃圾渗滤液中磷和氨氮回收的研究[D]. 武汉：武汉科技大学，2008.
[101] 李紫燕，倪绸娟，李世清，等. 土壤类型和添加有机物料对铵态氮回收的影响[J]. 西北农林科技大学学报(自然科学版)，2008(6):141-147.
[102] 安东. 猪场厌氧消化出水氮磷去除与鸟粪石回收技术研究[D]. 杭州：浙江大学，2007.

[103]李敏，张丽雅，唐善宏，等. 氨氮回收复合分离流程的应用[J]. 小氮肥，2002(7):20-22.
[104]利用一氧化氮回收亚硝酸钠[J]. 陕西化工，1972(3):27.
[105]瑞青. 光合细菌培养及使用方法[J]. 农业知识，2021(2):30-33.
[106]刘贵生，彭先文，孙华，等. 畜禽粪污生物除臭工艺研究进展[J]. 养殖与饲料，2019(12):1-7.
[107]甘佳拉珠·顾坎拉珠，罗摩拉珠·顾坎拉珠，基索巴布·戈瓦达，等. 天然化合物的气味掩蔽制剂：CN109862902A[P]. 2019-06-07.
[108]戴馨，张奥然. 一种高浓度 EM 菌剂除臭新用途及利用高浓度 EM 菌剂除臭的净化处理系统：CN108970389A[P]. 2018-12-11.
[109]赵芹. 基于牛粪浓浆、沼液的光合细菌发酵及其应用研究[D]. 成都：四川师范大学，2017.
[110]肖玉娟，傅奇，庄峙厦，等. 一种除臭用 EM 菌液制备方法：CN106244503A[P]. 2016-12-21.
[111]卢云黎，谢卫民，钱宝. 几种常见除臭微生物的应用[J]. 水利水电快报，2016，37(11):59-61.
[112]P 桑特·路易斯·奥古斯廷. 具有改善气味的苯酚聚硫醚：CN105339421A[P]. 2016-02-17.
[113]唐婷. 光合细菌固态制剂研究[D]. 福州：福州大学，2015.
[114]杨柳，邱艳君. 除臭菌株对畜禽养殖场恶臭气体的控制研究[J]. 中国沼气，2014，32(3):36-39.
[115]陆文龙，陈浩泉，薛浩. EM 除臭剂应用于生活垃圾和污水污泥的中试研究[J]. 环境卫生工程，2012，20(6):30-31.
[116]施密特 P G，蒙吉永 B，沃特兰 M. 基于气味被掩蔽的有机硫化物的氧化物的溶剂组合物：CN102471250A[P]. 2012-05-23.
[117]张继国，张宗金. 光合细菌的分离、培养及应用[J]. 啤酒科技，2012(5):33-35.
[118]冯福海，许修宏. 推广粪肥除臭技术净化生活环境卫生[J]. 现代化农业，2010(9):31-33.
[119]鲁艳英，金亮，王谨，等. EM 菌组成鉴定及其消除垃圾渗滤液恶臭研究[J]. 环境科学与技术，2009，32(8):62-63.
[120]徐华成，徐晓军，翁娜娜，等. 恶臭气体的净化处理方法[J]. 山东轻工业学院学报(自然科学版)，2007(2):87-89，94.
[121]邹凯旋，张勇强. 恶臭污染现状与处理技术[J]. 现代农业科技，2007(11):203-205.
[122]李清华，吴昊. 复合微生物菌剂的研究应用现状[A]. 中国环境科学学会. 中国环境保护优秀论文集（2005）（下册）[C]. 中国环境科学学会，2005:3.
[123]葛继正. 鸡舍用 EM 菌消毒除臭效果佳[J]. 农村新技术，2003(3):21.
[124]卡尔·埃里克·凯泽，查尔斯 R 特伦布莱. 包含气味掩蔽基剂的定型香波组合物：CN1259042[P]. 2000-07-05.
[125]弗雷米 M G. 一种以二甲基二硫化物为基础的掩蔽气味的组合物：CN1243825[P]. 2000-02-09.
[126]席北斗. 有机固体废弃物管理与资源化技术. 北京:国防工业出版社，2006.
[127]于涛. 从“畜禽粪污资源化利用”到“生活垃圾、污水、厕污”一体化处置的思考[J]. 农家参谋，2021(20):127-128.
[128]牟永平. 新时期畜禽养殖粪污资源化利用现状及展望[J]. 吉林畜牧兽医，2021，42(10):116.

[129]斯琴图雅. 畜禽粪污资源化利用及养殖污染防治措施[J]. 农家参谋，2021(19):107-108.
[130]马中文. 畜禽养殖粪污资源化利用重要性及措施[J]. 畜禽业，2021，32(9):29，31.
[131]杨文燕，刘惠娜，孙一博，等. 新农村规模化养殖场粪污无害化处理技术研究[J]. 畜禽业，2021，32(9):73，75.
[132]孙家英，张志国，孙家慧. 畜禽养殖粪污资源化利用技术模式探析[J]. 吉林畜牧兽医，2021，42(9):118，123.
[133]宋庆乐. 试论畜禽粪污资源化利用及养殖污染防治技术[J]. 吉林畜牧兽医，2021，42(9):121-123.
[134]贾敬亮，曹玲芝，张鹏程，等. 全面推进畜禽粪污资源化利用 助力乡村振兴[J]. 今日畜牧兽医，2021，37(8):70，72.
[135]付艳芳，李辉，王新芳，等. 疏通粪污资源化利用还田路径的建议[J]. 北方牧业，2021(16):15.
[136]朱益平. 诸暨市畜禽养殖废弃物资源化利用现状与对策[J]. 浙江畜牧兽医，2021，46(4):21，39.
[137]朱文龙. 畜禽养殖粪污资源化利用重要性和具体措施[J]. 兽医导刊，2021(15):73-74.
[138]刘高平. 加强畜禽粪污资源化利用助力乡村生态振兴[N]. 鄂尔多斯日报，2021-08-09(004).
[139]孟花. 规模养殖场畜禽粪污处理和资源化利用措施[J]. 畜牧兽医科学(电子版)，2021(14):174-175.
[140]托合爱·阿合买提. 畜禽养殖粪污的资源化利用[J]. 畜牧兽医科技信息，2021(7):20.
[141]王亮，高学伟，李宁. 畜禽粪污资源化利用模式探讨[J]. 湖北畜牧兽医，2021，42(7):30-31.
[142]高世霞. 浅析畜禽粪污处理和资源化利用综合措施[J]. 中国畜禽种业，2021，17(6):65-66.
[143]樊梅荣. 畜禽粪污资源化利用技术[J]. 中国畜禽种业，2021，17(6):81-82.
[144]李建春，刘长青，高有明，等. 基于传送带干清粪的资源化利用模式推广应用[J]. 畜牧业环境，2019(9):27-28.
[145]陈静. 我国生猪养殖企业粪污资源化利用行为及影响因素研究[D]. 北京：中国农业科学院，2019.
[146]范龙杰，吴德胜，秦田，等. 养殖场粪污处理技术现状与展望[J]. 农业工程，2018，8(11):58-63.
[147]温鑫. 江西省畜禽养殖粪污污染物无害化处理研究[D]. 南昌：江西农业大学，2018.
[148]汪群慧. 固体废物处理及资源化. 北京:化学工业出版社，2003.
[149]张全国，雷廷宙. 农业废弃物气化技术. 北京:化学工业出版社，2005.
[150]卞有生. 生态农业中废弃物的处理与再生利用. 北京:化学工业出版社，2005.